Edited by Martin

EUROPEAN CLASSIC DECORATION

CHINA ARCHITECTURE & BUILDING PRESS

MARTIN
麻 昌

资深室内建筑师
雕塑家
项目策划师

1990 年 7 月，毕业于清华大学美术学院（原中央工艺美术学院）装饰艺术系，获学士学位；1993 年 5 月在日本东京艺术大学学习，获艺术学硕士；2000 年 8 月获深圳优秀设计师殊荣；2004 年获中国装饰协会颁发“杰出中青年室内建筑师”殊荣，同年 9 月获“亚太华人优秀设计师”殊荣；2008 年 4 月，成为世界设计师联盟美国纽约设计学会会员，并参加洛杉矶世界设计师年会，获得国际建筑师协会高级设计师认证（ICDA）；2012 年获中国建筑装饰协会“有成就资深室内建筑师”殊荣；1998 年 6 月~2006 年 10 月多次前往美国、欧洲等 26 个国家交流学习艺术学和建筑学，钻研探究欧洲古典建筑艺术和相关学科，获得了大量建筑装饰艺术、雕塑、绘画、壁毯画、陶瓷、彩色玻璃艺术的珍贵信息资料，奠定了个人的设计功底和艺术造诣。主要装饰设计优秀作品：中华世纪坛、北京远洋大厦、北京月坛体育中心、国家电力大厦、深圳格兰云天大酒店、深圳公路交通枢纽大厦、深圳交通指挥中心、长沙松桂圆宾馆、杭州国际大酒店、杭州桐庐电信大厦、天津滨海国际中心、吐哈石油文化广场、江苏吴江大渠荡城市公园、乌兰牧骑艺术剧院、鄂尔多斯工贸大厦、澳门驻港部队接待中心等国家和省市级重点装饰工程和利比里亚中国城（Liberian China Town）等国际装饰工程项目。

EUROPEAN CLASSIC DECORATION

欧洲古典建筑装饰艺术

麻 昌 编著
Edited by Martin

中国建筑工业出版社
CHINA ARCHITECTURE & BUILDING PRESS

图书在版编目（CIP）数据

欧洲古典建筑装饰艺术 / 麻昌编著. — 北京：中国建筑工业出版社，2012.9
ISBN 978-7-112-14428-0

Ⅰ. ①欧… Ⅱ. ① 麻… Ⅲ. ①古建筑-建筑艺术-欧洲-图集 Ⅳ. ①TU-881.5

中国版本图书馆CIP数据核字（2012）第135904号

责任编辑：孙立波　张振光　费海玲
装帧设计：麻　昌　肖晋兴
摄　　影：麻　昌
责任校对：王誉欣　陈晶晶

欧洲古典建筑装饰艺术

麻 昌 编著

*

中国建筑工业出版社出版、发行（北京西郊百万庄）
各地新华书店、建筑书店经销
北京盛通印刷股份有限公司印刷

*

开本：880×1230毫米　1／12　印张：40　插页：1　字数：960千字
2012年11月第一版　2012年11月第一次印刷
定价：498.00 元
ISBN 978-7-112-14428-0
(22496)

（邮政编码　100037）

欧洲行进路线图
European route map

寻找中世纪的帝国文明重要线索
地中海沿线风光独特
古镇城堡饱览无余尽收眼底
深入中世纪教会属地一探究竟

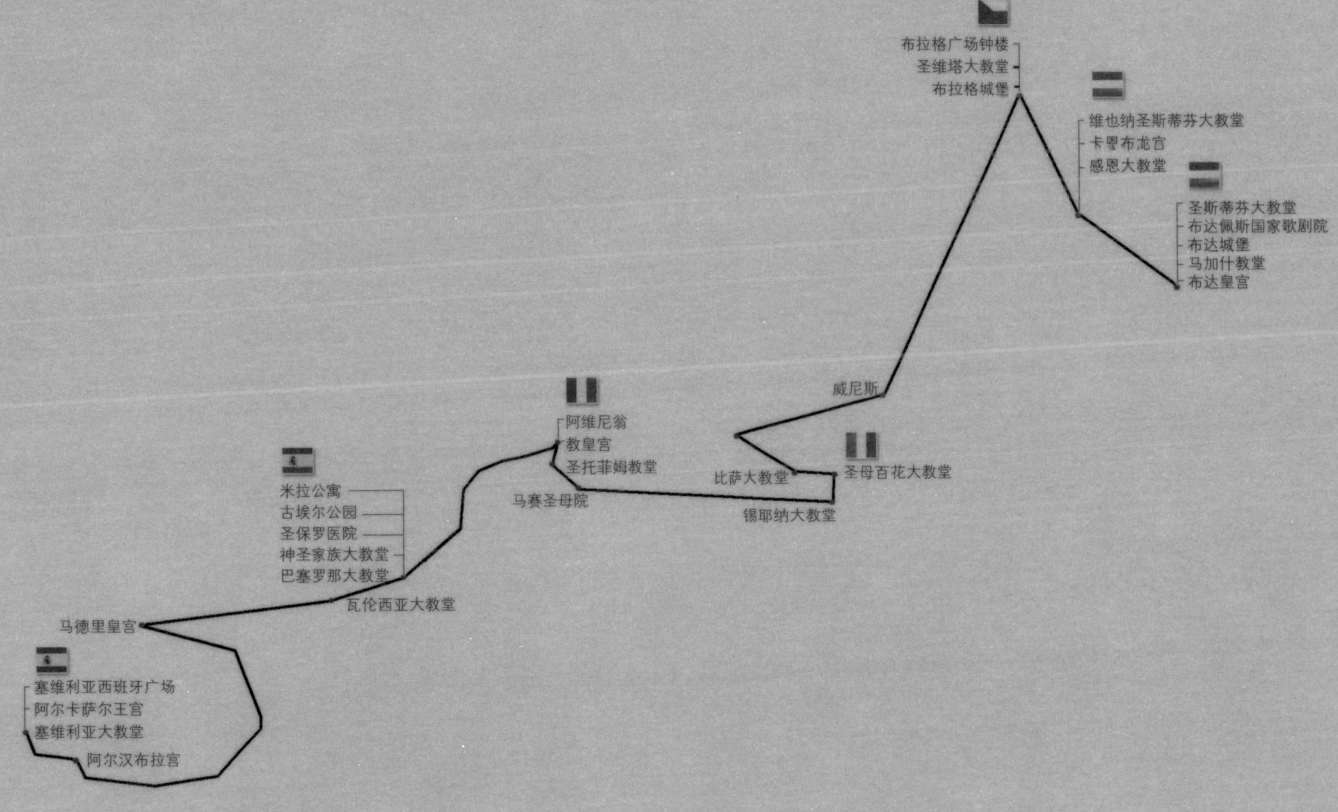

圣斯蒂芬大教堂
布达佩斯国家歌剧院
布达城堡
马加什教堂
布达皇宫

维也纳圣斯蒂芬大教堂
卡恩布龙宫
感恩大教堂

布拉格广场钟楼
圣维塔大教堂
布拉格城堡

比萨大教堂
圣母百花大教堂
锡耶纳大教堂

阿维尼翁
教皇宫
圣托菲姆教堂

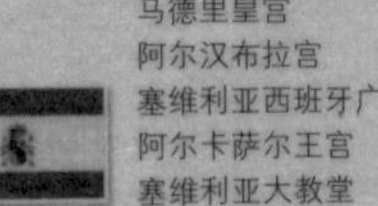
米拉公寓
古埃尔公园
圣保罗医院
神圣家族大教堂
巴塞罗那人教堂
瓦伦西亚大教堂

皮拉广场及大教堂
马德里皇宫
阿尔汉布拉宫
塞维利亚西班牙广场
阿尔卡萨尔王宫
塞维利亚大教堂

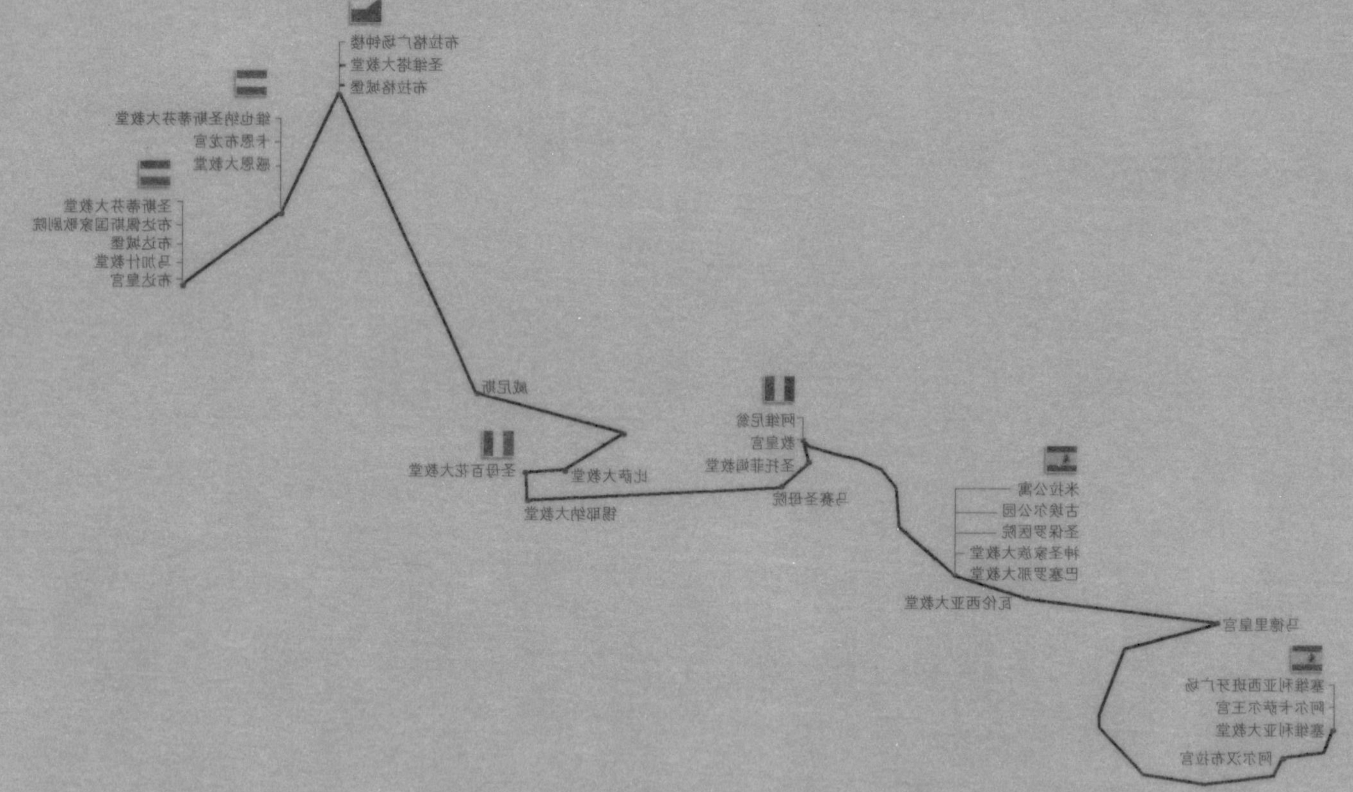
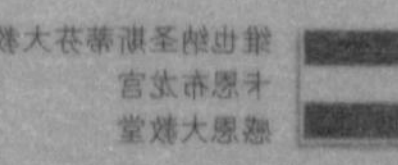

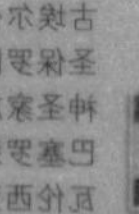

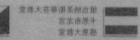

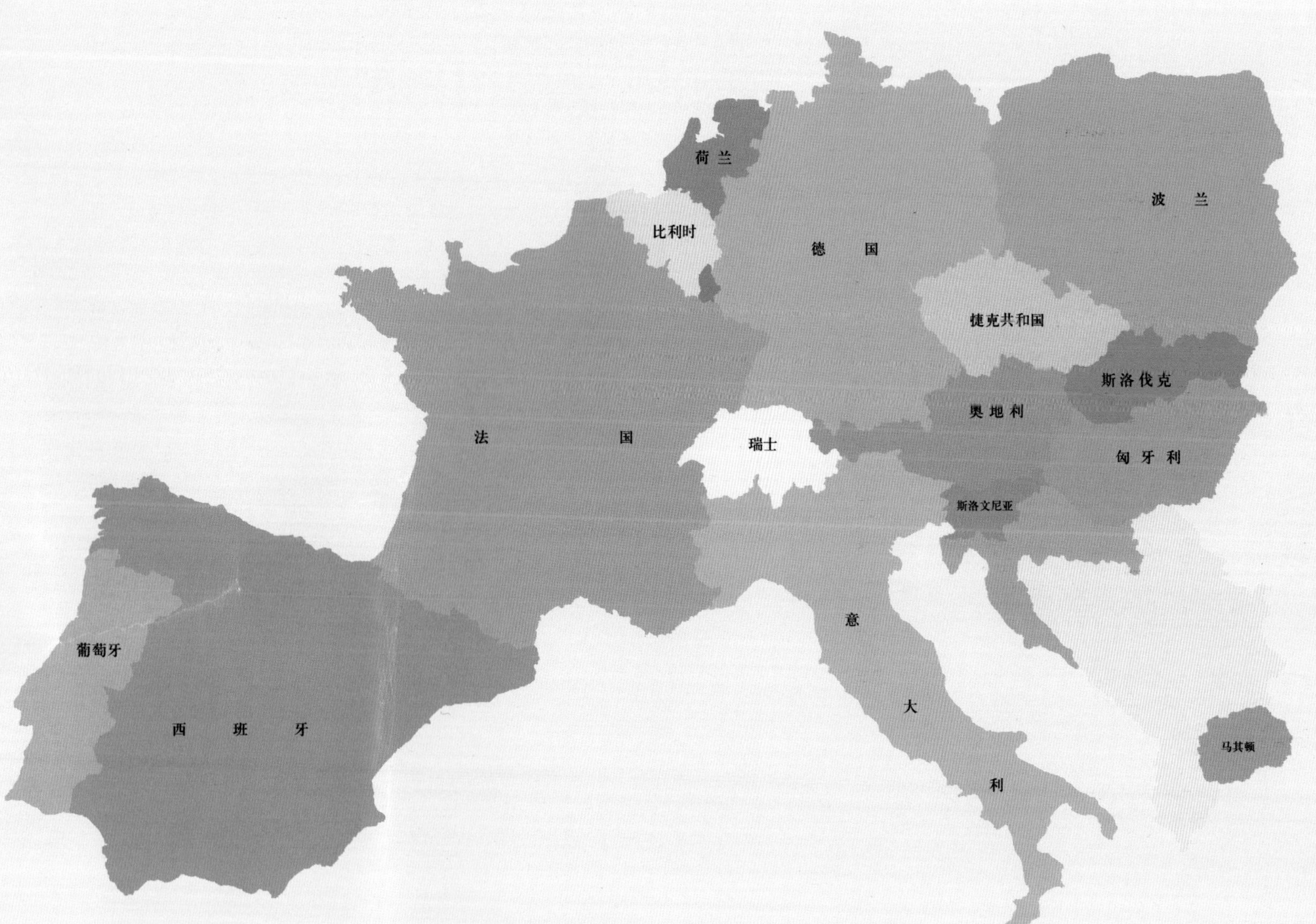
荷兰
比利时
德国
波兰
捷克共和国
斯洛伐克
奥地利
法国
瑞士
匈牙利
斯洛文尼亚
葡萄牙
西班牙
意大利
马其顿
地中海

经历欧洲建筑奇迹

10年磨砺，心灵涅槃

自 1998 年第一次踏上欧洲的土地，到 2009 年最后一次出游欧洲，我在欧洲的经历，既有哭笑不得的尴尬，亦有赏心悦目的沉醉，其间经历，或艰辛或轻盈，都已在时间之流中阒如，只有手边那一张张可以随时欣赏的欧洲古典建筑图片，仍在不断拨动心弦，乃至掀起无尽的波澜，因此，结集出版《欧洲古典建筑艺术》一书的想法也油然而生。

那么，如何结合自己的欧洲之旅来设想这样一本呈现欧洲古典建筑艺术精华的图书呢？

在此，不得不谈及通常认识上的一个错位。对于不少没有深入欧洲的人来说，提起欧洲艺术，自然不过的例子就是文艺复兴，就是达·芬奇和蒙娜丽莎；说到欧洲古典建筑，脱口而出就是圣彼得教堂、凯旋门、卢浮宫，等等，似乎舍此之外亦无他（主要归因于长期以来的宣传和视觉接触）。这样的认识无可厚非——这些确实都是欧洲艺术和建筑的精华，都是很好很著名的，但是，欧洲古典建筑和艺术精华之所在，绝不止如此——这恐怕是每一个探访欧洲的人自然而言的感受。因此，厘清这种极为简单的认识错位，就成为了本书的一个最小的动机。我们就是要借这本书，让更多的人更加全面、更加深入地看到欧洲的古典建筑艺术，更多地了解由文艺复兴给欧洲艺术带来的辉煌，从中得到更多的启发。

按照最初的设想，本书内容主线以西班牙为中轴线向南北延伸，因为西班牙有着两大建筑文明奇迹：一是统治西班牙长达 100 多年的摩尔人创造的古典伊斯兰建筑文明（代表作阿尔汉布拉宫、阿尔卡萨尔宫），二是天才建筑师高迪创造的现代建筑奇观（代表作圣家族大教堂、米拉公寓、古埃尔公园）。这两个内容都非常有特色，影响力也很大。但后来根据专家的建议，以文艺复兴的发源地意大利为主线编排，以为之后介绍欧洲建筑装饰艺术铺垫。

作为文艺复兴的发祥地，意大利现今留存了大量的建筑古迹和文化珍品，但

最吸引我的还是托斯卡纳古建筑群和比萨斜塔，更准确地讲是以比萨大教堂广场为代表的文艺复兴建筑群。这里每个建筑都非常经典，保存也非常完好，里面大量精美的雕刻和绘画艺术真迹，更是让人叹为观止。这里是建筑师、室内设计师和摄影师的天堂。斜塔虽以“斜而不倒”闻名于世，建筑特点除了呼应整个广场建筑群外没有太多精彩的细部表现，内部装饰也比较简单。而洗礼堂和大教堂则不同，无论建筑外观和室内装饰，都是华丽壮观、气势逼人，堪称文艺复兴建筑精品。锡耶纳小镇隶属托斯卡纳，古镇中有锡耶纳广场和大教堂，教堂中有文艺复兴的湿壁画真迹，非常漂亮，外观华丽异常。特别是正面的雕刻装饰，你得摒住呼吸慢慢看，否则会眼花缭乱，找不到方向。要说文艺复兴建筑，最正宗的当属佛罗伦萨的圣母百花教堂了，华丽的建筑“外衣”让人过目难忘，乍看千篇一律，实则不然，每一个窗户都对应不同的装饰图案，还有特别漂亮的金属浮雕门，一定要仔仔细细欣赏。

在国人眼里，法国并不是一个陌生的国度，凯旋门、协和广场、卢浮宫还有全球盛誉的法国香水，每人都能说上个一二来。正因如此，我没有选取这些耳熟能详的项目，而是把目光更多投向法国南部的地中海沿线古镇，以及那些和艺术大师们有关的城镇乡村，如梵高曾经生活过的“阿尔勒”，现代派大师达利的故乡，地中海明珠“芒通”、“天使湾”，蔚蓝海岸第一名镇“伊兹”，文化名城“马赛”、“戛纳”，等等，这些似乎是一个不一样的“法国”。沿途所见有中世纪古堡、乡村小镇，还有中世纪教堂和修道院，每一个细节都那么激动人心，聆听感触，心绪跌宕起伏，思绪很快就沉浸到那个遥远的时代当中。特别是在薰衣草的故乡阿维尼翁，似乎一下就回到了中世纪，因为这里的一切都和现代文明没有关系，古老的城池，古老的教皇宫，静静的溪流，一切都静止停留在建筑营造的时间段里；如果身披盔甲，跨上战马，眼前的景象就是活脱脱的中世纪。当然，我在这里首推“教皇宫”，旧宫和新宫合二为一，规模很大，圣母院近在咫尺，可看的都是真正的文物。还有马赛的圣母守望院、赛依克圣母修道院也非常值得品鉴。

奥地利维也纳是音乐之都，但建筑艺术一点也不逊色，如排名世界第三大的皇宫舍恩布龙宫，规模宏大，内部装饰堪称巴洛克艺术的精华，宫内藏品也是数一数二。教堂艺术在维也纳也有不俗的表现，最负盛名的维也纳感恩教堂就是哥特式建筑的典范，不但有着傲人的外观，更有着骄人的室内装饰。除了这些大型的古典建筑，奥地利还有许多中小型教堂也很有特点。

匈牙利和捷克是近几年才加入欧盟的国家，也就是所谓的“新欧洲”国家，早些年说起欧洲几乎不把它们纳入其中。其实它们的建筑艺术也非常惊人，很有特点，特别是布拉格，非常漂亮，整个城市都是建筑天堂，只是过去不被人们熟知，我在这里选择了匈牙利皇宫、教堂和歌剧院以及捷克的布拉格城堡、大教堂与大家分享。

本书一共选取了我认为艺术性较强，并且在不同时期具有独特影响力的代表作品 29 项，这些建筑艺术成果基本上都被联合国教科文组织列入世界文化遗产名录，每一个都蕴藏了大量的文化艺术经典信息，是人类建筑历史上的珍贵宝藏。摘选内容涉及教堂、皇宫、古堡、广场、医院等，有意大利、法国、西班牙、奥地利、匈牙利、捷克六国的经典代表性建筑。本书以图文并茂的形式展现建筑艺术原貌，内容主要围绕欧洲古典建筑展开，将建筑的整体结构形态和建筑细部、室内装饰和空间关系作了直观的展示，对建筑装饰艺术相关的雕刻、绘画、工艺手法、特殊材料、经典场景都作了详尽的注解，相信本书能让读者对欧洲古典建筑形成一个粗略的认识和直观的简析，以此激发大家更大的观赏热情和阅读兴趣。

我们还将陆续推出欧洲其他建筑类型的专著，如很有特色的欧洲小镇、欧洲广场、欧洲城堡，等等，敬请关注！

目录
Contents

意大利 ITALY

法国 FRANCE

西班牙 SPAIN

式和哥特式建筑风格的精华，特别是教堂的正面尤为突出。教堂中珍藏有平图里齐奥、尼古拉・皮萨诺、多那太罗以及米开朗琪罗等文艺复兴巨匠的绘画和雕塑作品，华丽的壁画作品和精美的天然名贵石材镶嵌的人行道是教堂中的经典。建筑群由大教堂、钟楼和洗礼堂三部分组成，是艺术性较高的最恢弘的古典建筑，其风格和规模可与米兰大教堂媲美。

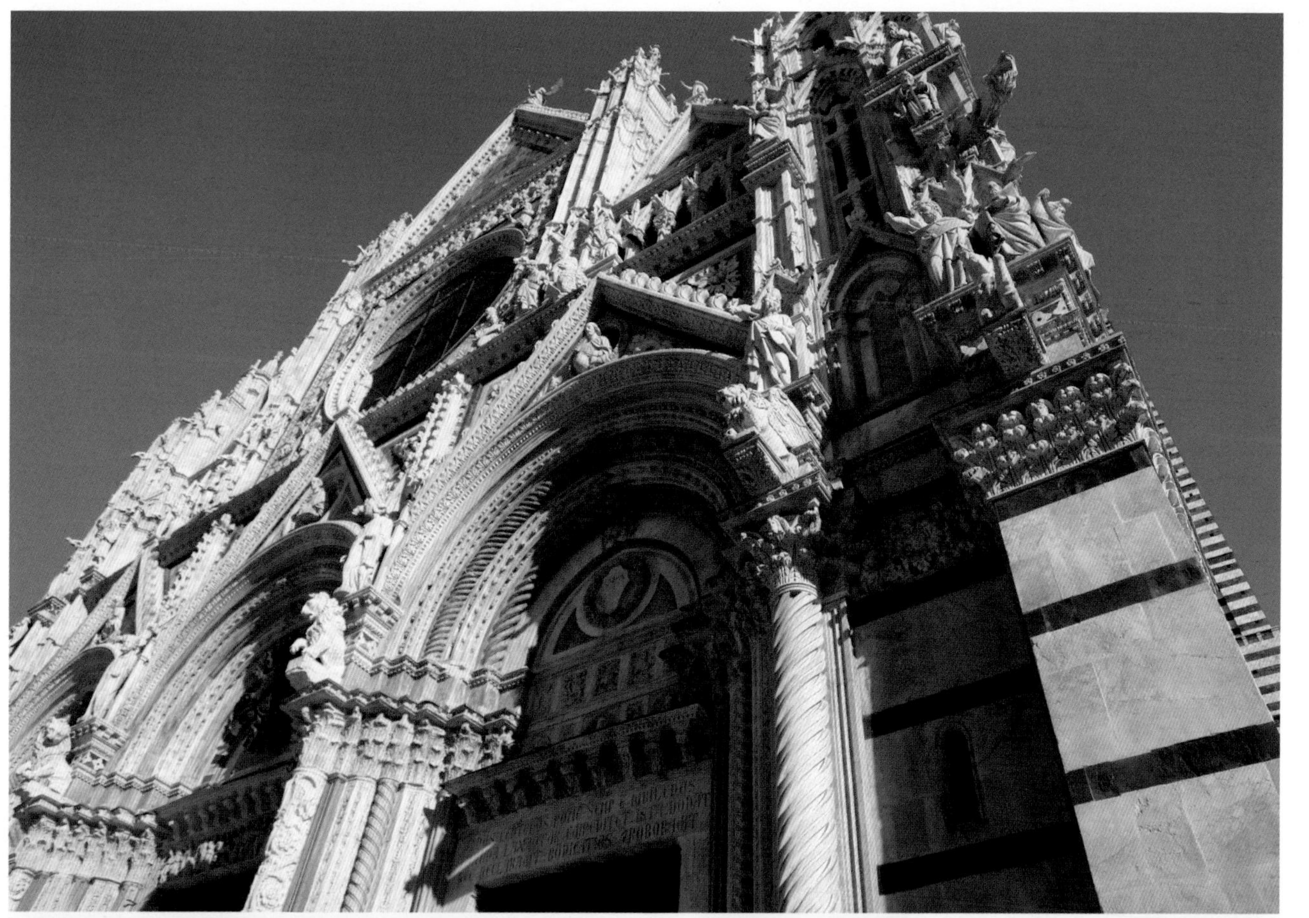

意大利哥特式教堂概况

Italian Gothic church overview

意大利的哥特式建筑于12世纪由国外传入，主要影响于北部地区。意大利没有真正接受哥特式建筑的结构体系和造型原则，只是把它作为一种装饰风格，因此这里极难找到“纯粹”的哥特式教堂。

意大利教堂并不强调高度和垂直感，正面也没有高钟塔，而是采用屏幕式的山墙构图。屋顶较平缓，窗户不大，往往尖券和半圆券并用，飞扶壁极为少见，雕刻和装饰则有明显的罗马古典风格。

锡耶纳主教堂使用了肋架券，但只是在拱顶上才略呈尖形，其他仍是半圆形。奥维亚托主教堂则仍是木屋架顶子。这两座教堂的正面相似，总体构图是屏幕式山墙的发展，中间高，两边低，有三个山尖形。外部虽然用了许多哥特式小尖塔和壁柱作为装饰，但平墙面上的大圆窗和连续券廊仍然是意大利教堂的固有风格。

锡耶纳大教堂建筑外墙精美雕刻

Exquisite carving of the exterior walls of Siena Cathedral

锡耶纳大教堂的建筑外墙以巧夺天工的雕刻而著称,是中世纪时期较为典型的罗马式和哥特式建筑混合一体的建筑。此一时期从古典时期结束起，直到文艺复兴之前。这一漫长的时期被基督教统治着，所以形成了宗教美术或宗教建筑。这时期的雕塑，摒弃了关于自然比例的种种古典法则，而去寻求一种更适合基督教题材的、形式多样的、比例被拉长了的形象。特别是在肖像雕塑上，它们更注重客观对象，追求个性化，而非希腊的理想化。在建筑中也大量地使用浮雕和人物故事相结合的艺术手法，写实绘画被合理应用于建筑外墙的装饰中。

ANNUS · CENTENUS · ROME · SEMP · Ē · IUBILENUS ·
CRIMINA · LAXANTUR · CUIPENITET · ISTA · DONĀT ·
HEC · DECLARAVIT · BONIFATIUS · ET ROBORAVIT ·

锡耶纳大教堂独特的空间艺术魅力

Siena Cathedral unique artistic charm of space

意大利地处亚平宁半岛，这个特殊的地理位置使得很多教堂建筑的外墙和室内装饰中都出现用明暗两色大理石拼贴的蛇形波浪图案。如果认为这就是一个简单的装饰那就大错特错了。有人认为其实这种设计主要是赋予建筑更多“海”的概念，也有人认为这是特别寓意那场中世纪在欧洲蔓延的疫病，在我看来二者皆有。翠绿大理石和白色大理石相间拼贴寓意“海”的自由和宽广，明暗两色大理石相间拼贴如同铜环蛇的蛇纹，同样可影射那场悄无声息的“黑死病”的蔓延，一暗一明，似乎与中国古代太极的阴阳八卦有异曲同工之处，或许中西文化在建筑艺术哲学层面上都有相近的思想。这里不作过多阐述和评价。但我通过这个建筑中的图案符号似乎和建筑师有了思想的沟通和交流，更加理解建筑空间彰显的艺术内涵和设计师巧妙的设计理念。

在理解以上这些知识后，我们再来看大教堂内部就有完全不同的理解和感受了。教堂大厅里最抢眼的，恐怕要数那些支撑大教堂的立柱了。柱子的间距使得明暗色调相间的部分有了视觉层次和丰富变化，这也是锡耶纳独有的绿色大理石空间艺术殿堂，一种森寒的翠绿感慢慢地洇开，如病菌的蔓延，悄无声息，又如大海般波涛汹涌，仿佛置身那可怕黑暗的中世纪。整个教堂弥漫着迷幻色彩，它在诉说着与现实生活完全不同的另一个世界。这就是锡耶纳大教堂给我的感受，它通过建筑形体空间诉求一种意境和传奇。用心感受每一个细节，你会有更多的心灵体验。

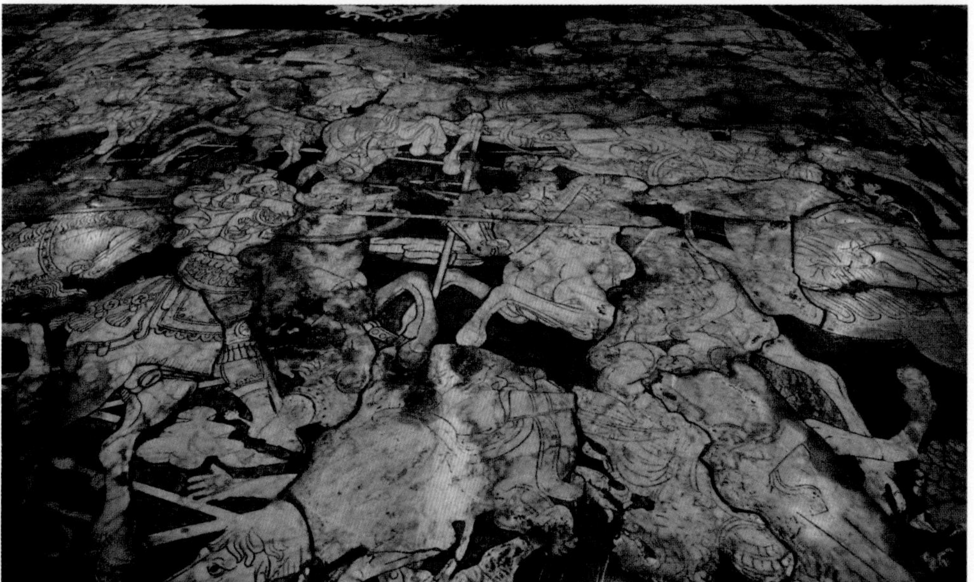

地面拼图的艺术

Ground mosaic art

大教堂的地面做工精美，用了许多动物图案做装饰，这在以往的教堂中比较少见。动物的造型和明暗变化都是由不同材质的自然色调搭配拼贴而成，装饰性很强。

PERU
SIUM
PISTORIU
RO
MA

ANTONIO CASINO FRANCISCI F·
BARTHOLOMÆI N·
CAMERÆ APOST·CLERICO THESAVR·
S·R·E·
PRESB·CARDINALI T·S·MARCELLI,
OB VTRIVSQVE IVRIS PERITIAM,
ATQVE PRVDENTIAM
MARTINO V·ET EVGENIO IV·SVMM·PP·
A CONSILIIS INTIMIS AC SV̂MÈ CHARO
CVIVS CINIS ROMÆ AB ANNO
MCCCCXXXIX·
IN ÆDE S·MARIÆ MAIORIS
DIEM RESVRRECTIONIS EXPECTAT·
S·P·Q·S·
CIVI OPT·PASTORI SVO VIGILANTIS·
PONI CVRAVIT ANNO
MDCLIII·
OPA

D O M

S. CRESCENTIVS

PIVS III
PONTIFEX MAXIMVS

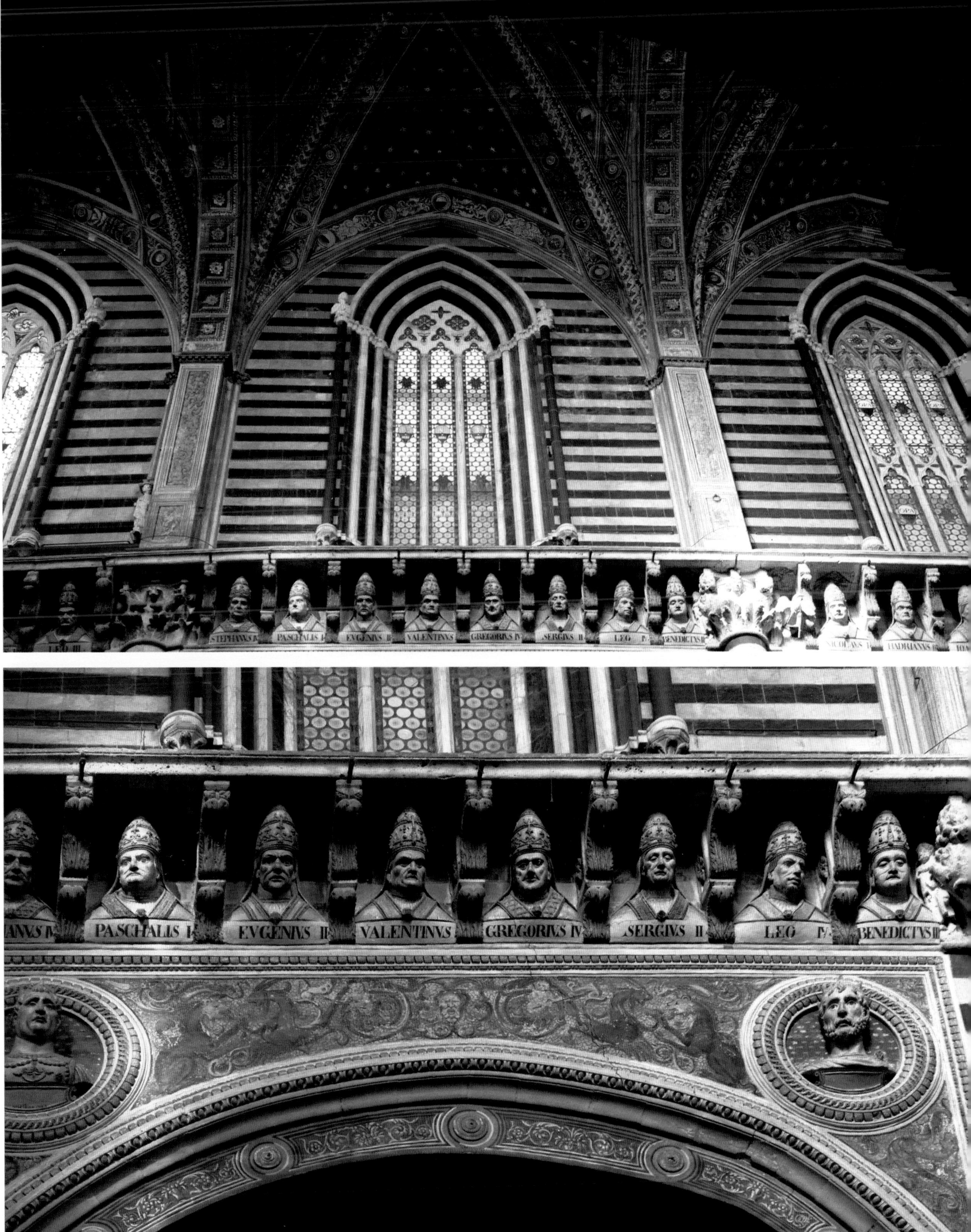
PASCHALIS I
EVGENIVS II
VALENTINVS
GREGORIVS IV
SERGIVS II
LEO IV
BENEDICTVS III

雕塑巨匠多那太罗

Sculpture master Donatello

多那太罗（1386~1466年，本名Donato di Niccolò di Betto Bardi），15世纪意大利佛罗伦萨著名雕刻家，文艺复兴初期写实主义与复兴雕刻的奠基者，对当时及后期文艺复兴艺术发展具有深远影响，中期尝试将古典风格融入自身的写实风格，此时与米开罗佐（Michelozzo di Bartolommeo）共用工作室，制作了许多大型陵墓或建筑物雕像作品。1443年，多那太罗前往帕多瓦，此时期为其创作规模之顶峰。晚期于1454年返回佛罗伦萨后，因艺术气氛已改变，多那太罗的自然风格与现行优雅雕琢的风格已不相符合，故只能居于锡耶纳做创作，在圣罗伦佐教堂的两件铜质浮雕作品即为其晚期的典型作品，可惜至其死前仍未完成。

早期作品《大卫》铜像，即有精巧优雅的风格，并已对写实风格有所注意。《圣乔治》雕像则清楚展现其实体逼真的动态感。《圣乔治杀死毒龙》浮雕，首创平雕法，雕面很浅，但透过浮雕表面微妙的起伏控制光线阴影的对比，表现出了如凿子作画般惊人的深度及多变的层次感。

中期作品《希洛德之宴》（Feast of Herod）铜雕及在建筑物背景上所做的浮雕，具有符合透视学的线条。《图卢兹的圣路易》则较具古典风格的作品，线条柔和细腻。而此一时期多那太罗的浅浮雕，则显现出强烈的远近法；但在《愚者》（Il Zuccone）和《哈巴谷》（Habukkuk）两项作品中，又恢复至明暗光度对比、线条颤动的形式。而1443~1444年间制作的《大卫》铜像，光线明暗交错复杂，是其最富古典主义之作，也是文艺复兴时期最早的独立大型裸体雕像。

1443年为安东尼大祭坛制作的《圣母子与圣徒》（The Virgin and Child with Saints）巨型雕像群，是由大理石和铜混合制作成的一组浅浮雕及独立雕像，除了有中世纪祭坛的庄严虔敬气氛外，也表达出多那太罗的宗教哲学。而《格太梅拉达骑马像》（Gattamelata）为文艺复兴时期首次以罗马人表扬英雄骑马造型创作的作品，为骑马雕像的始祖。

其晚期木雕作品《圣约翰像》及《玛格达琳像》（Magdalene），以深刻表现人物心理为特色，虽然较严厉、复杂艰涩且深沉自省，但其豪放的表现力曾震惊佛罗伦萨。

在锡耶纳大教堂中有多那太罗和米开朗琪罗、皮萨诺的雕刻作品，堪称那个时期的经典，这些作品虽不常见，但艺术价值很高，作品注重表现艺术技巧和人物内心世界的刻画。雕塑家似乎把个人的生命倾注于雕刻作品中，以精湛的技巧、强烈的信心雕凿一个活灵活现的人物，使雕塑有了鲜活的生命力。

PIVS II PONT MAX
PERITIS MONIMENTA

壁画艺术殿堂
Mural art galleries

平图里齐奥的华丽壁画大厅是教堂中的经典之作。顶棚采用了浮雕彩绘描金相结合的艺术手法，两侧的大型壁画则采用舞台布景的方式，更加强调远近层次关系，而后面的写实绘画也是完全以这种透视关系展开。

巨匠平图里奇奥

Pinturicchio

本人此生最大的荣幸之一就是目睹平图里奇奥的壁画真迹。记得自己苦学油画那几年是多么崇拜这位文艺复兴早期的大师，当时只知道他叫皮耶罗，可能当时的艺术作品中都这么翻译，后来才知道是简尼·阿涅利（Gianni Agnelli）赠予他的绰号，以赞赏他的艺术成就和绘画功力。这里有必要介绍一下这位壁画大师。平图里奇奥（Pinturicchio）生于1454年，死于1513年，是意大利著名的壁画家，专门为教堂和建筑物的屋顶以及墙壁作画。他有很多著名的作品，在罗马、锡耶纳和米兰等地的教堂中都可以看到，尤其是在锡耶纳大教堂中的这些壁画作品，更是他毕生的经典之作，据说还得到过拉斐尔的指点和帮助，而且两人也曾经在锡耶纳共事过——平图里奇奥是拉斐尔的前辈。

Piazza del Duomo, Pisa

比萨大教堂广场

类别 / 教堂建筑　年代 / 11～14世纪　原属 / 意大利

比萨大教堂广场（奇迹广场）坐落在比萨市区一片宽阔的草坪上。广场上有一组举世闻名的纪念建筑群：比萨大教堂、洗礼室、钟楼（即比萨斜塔）和墓地。这四组中世纪时期的罗马式建筑杰作对意大利11～14世纪间的纪念建筑艺术产生了极大影响。

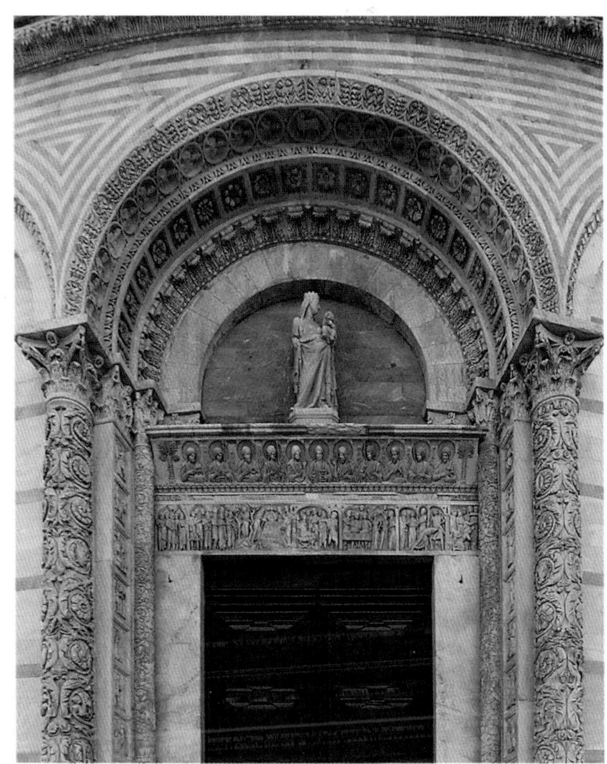

洗礼堂主入口门拱精美雕刻

比萨大教堂和比萨斜塔形成了视觉上的连续性

Pisa Cathedral and Leaning Tower of Pisa, the visual continuity

比萨斜塔毫无疑问是建筑史上的一座重要建筑。在发生严重的倾斜之前，它大胆的圆形建筑设计已经向世人展现了它的独创性。虽然在更早年代的意大利钟楼中，采用圆形地基的设计并不少见——类似的例子可以在拉文纳、托斯卡纳和翁布里亚找到，但是，比萨钟楼被认为是独立于这些原型，更大程度上，它在借鉴前人建筑经验的基础上，独立设计并对圆形建筑加以发展，形成了独特的比萨风格。

比如，钟楼的圆形设计被认为是为了同一旁的大教堂建筑形成对应，因此有意地模仿教堂半圆形后殿的曲线设计。更重要的是，钟楼与广场对圆形结构的强调是一致的，尤其是在同样是圆形的宏伟的洗礼堂奠基以后，整个广场更像是有意设计成耶路撒冷复活教堂（Anastasis）的现代版本。这种设计正来源于经典的古代建筑。

钟楼的装饰格调继承了大教堂和洗礼堂的经典风格，墙面用大理石和石灰石砌成深浅两种白色带，半露方柱的拱门，拱廊中的雕刻大门，长菱形的花格平顶，拱廊上方的墙面对阳光的照射形成光亮面和遮荫面的强烈反差，给人以钟楼内的圆柱相当沉重的假象。大教堂、洗礼堂和钟楼之间形成了视觉上的连续性。

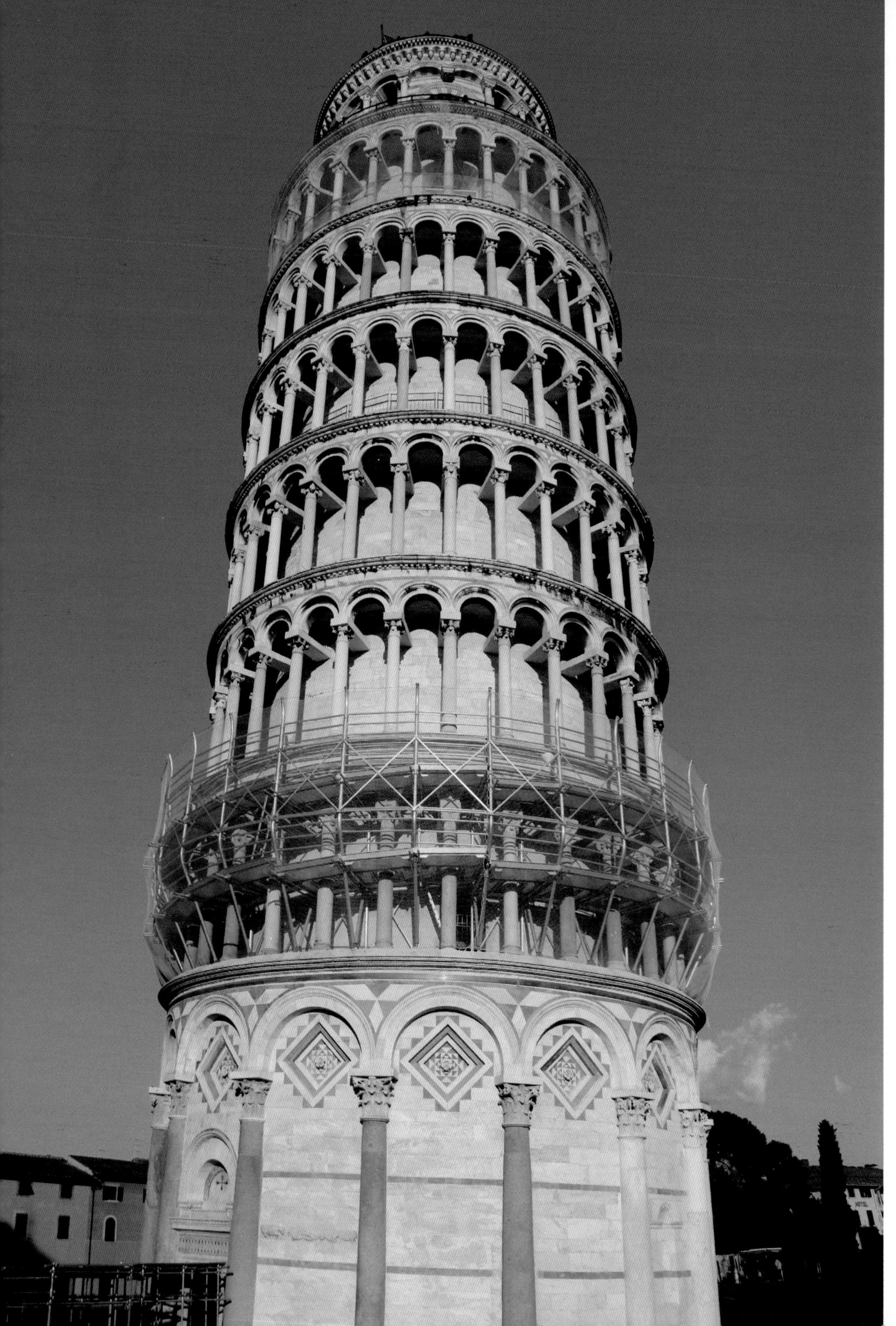

比萨斜塔之奇迹广场

Leaning Tower of Pisa, Square of Miracles

奇迹广场上的四座建筑（包括比萨大教堂、洗礼堂、比萨斜塔和墓园）堪称建筑艺术杰作，它们的空间设计从艺术角度而言堪称独一无二，是“代表了人类创造精神的杰作”。奇迹广场的建筑深刻影响了从11世纪到1284年的建筑发展和14世纪的艺术发展，“通过建筑或技术、有纪念意义的艺术品、城市规划或景观设计，展现了在一段时期内或在一个文化区域中进行的有重要意义的人文价值的交流”。奇迹广场包含了几座典型的宗教建筑，各自拥有不同的宗教作用，共同组成了一个中世纪基督教建筑的典范。“19岁的伽利略在比萨大教堂内观察铜制吊灯的摆动，从而发现了小摆动的等时性定律，这是他动力学研究的序幕；在比萨斜塔顶的实验使他得出了自由落体定律”，奇迹广场上的两座建筑直接同物理学的历史相联系，“直接或明确地同某些具有突出的、普世的价值的事件、现实的传统、思想、信仰、文化作品或文艺作品相联系”。

1987年12月，联合国教育科学文化组织世界遗产委员会第十一次会议决定将其收入世界遗产名录。

斜塔外立面悬拱造型圆润饱满，计算精准，比例和谐，吸取了罗马式建筑的特点，气势宏伟。整个斜塔在光影的衬托下虚实透漏，相得益彰，形成了完美的装饰艺术效果。

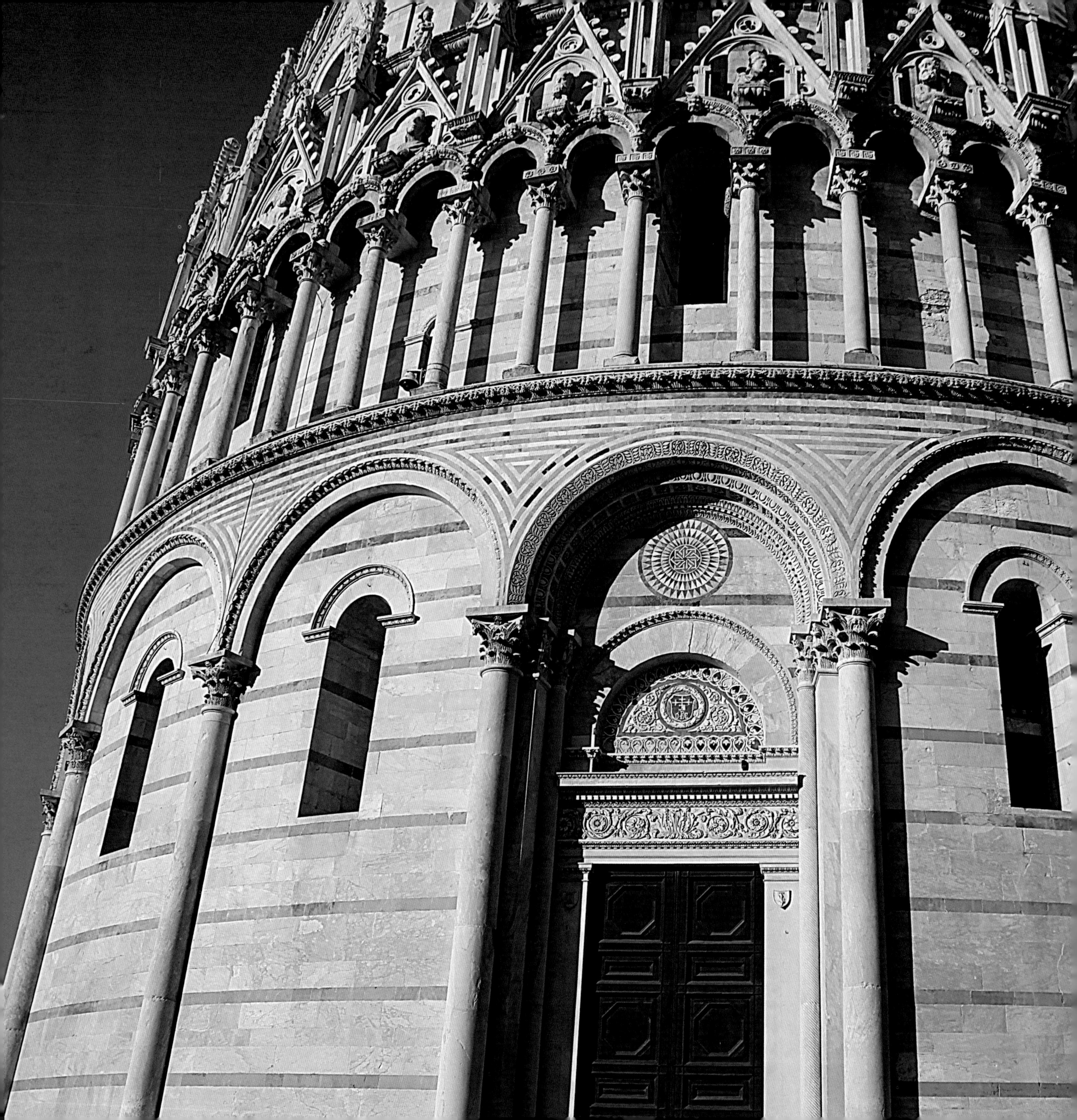

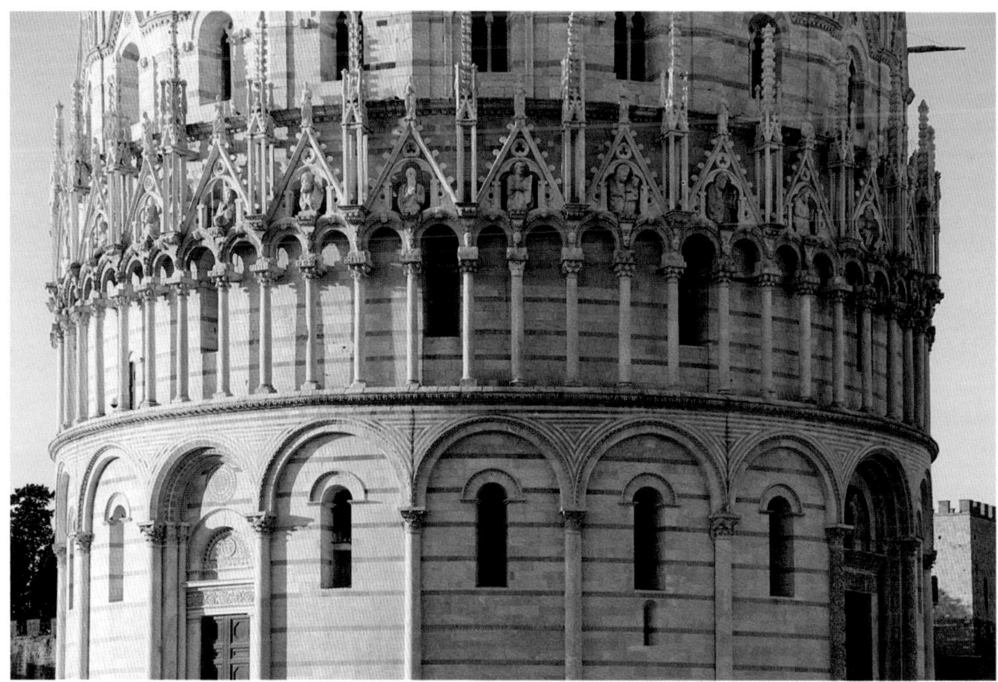

洗礼堂外墙装饰华丽

The ornament of Baptistery external walls

洗礼堂的建筑外墙装饰沿袭了哥特式和罗马式建筑中的经典手法，罗马柱的“实”与哥特飞臂悬浮的“虚”相结合，使建筑外观有了鲜明的节奏变化和极好的艺术效果。

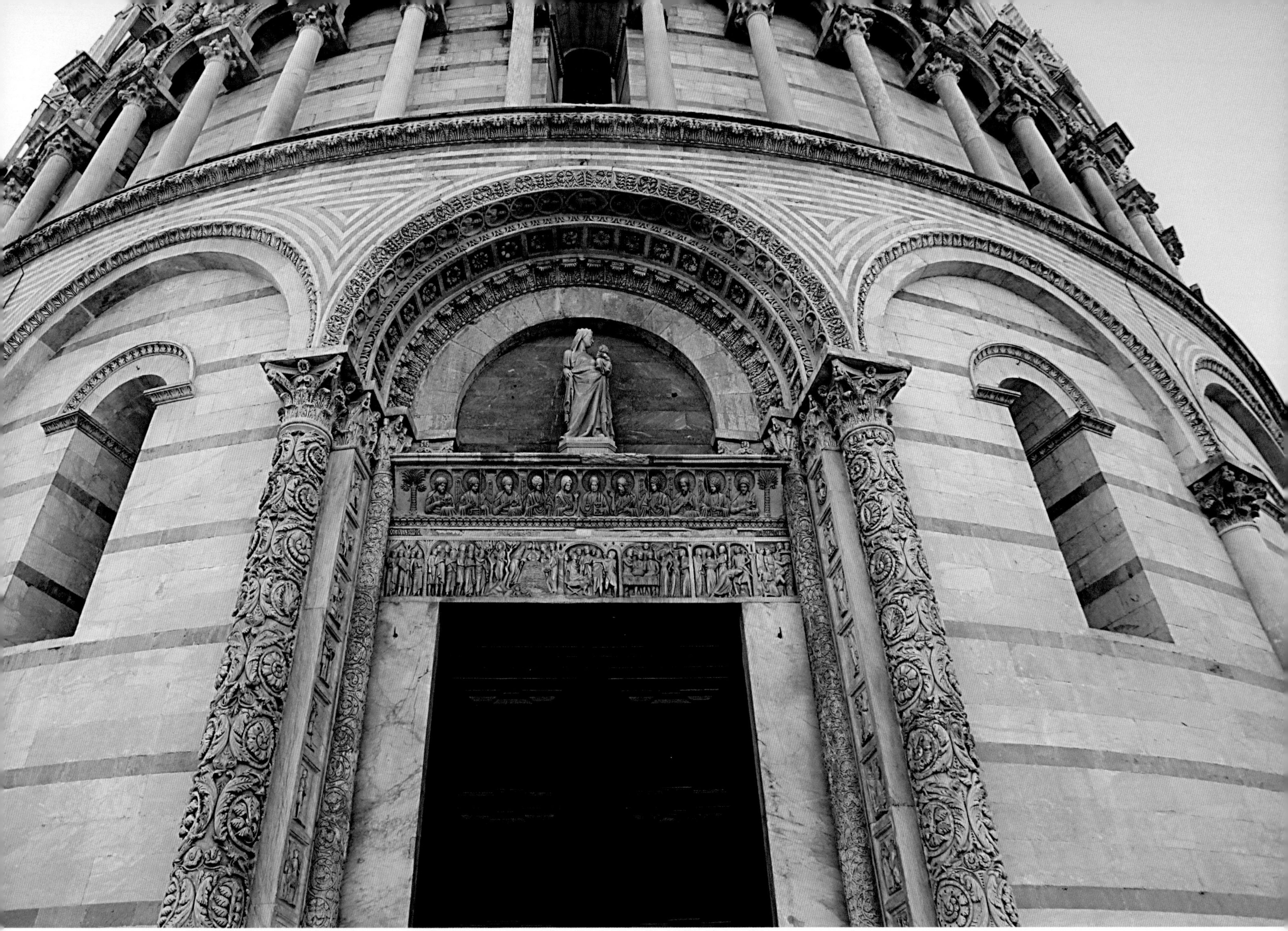

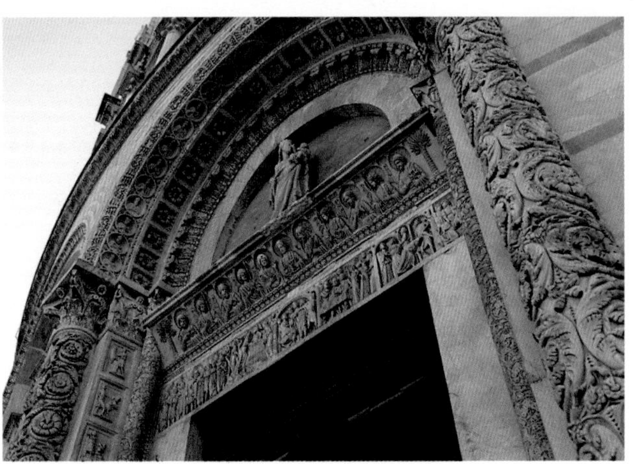

比萨大教堂建筑风格

Architecture style of the Pisa Cathedral

比萨大教堂是一座典型的罗马式建筑。罗马式建筑产生于公元9世纪查理大帝(即查理曼)时期。罗马帝国灭亡后，欧洲的政局一直动荡不定。为了防御外敌，当时的宫殿或教会建筑都筑成城堡样式，如果是教堂，就要在它旁边加筑塔楼。于是，在筑墙时，一方面把建筑的全面承重改为重点承重，因而出现了承重的墩子、扶壁或间隔轻薄的墙；另一方面是创造了肋拱。一般的教堂，平面仍呈以往的“ 巴西里卡”式，但加大翼部，呈明显的十字架形，而十字交叉处从平面上看，由于上有突出的圆形或多边形塔楼，渐渐接近正方形。比萨大教堂为例外，它建于1063~1092年间，平面虽是“巴西里卡”式，中央通廊上面是木屋架，但其券拱结构采用层叠券廊，罗马式特征依然十分明显。

比萨大教堂历史

History of the Pisa Cathedral

为了纪念比萨城的守护神圣母玛丽亚，公元1068年，比萨人开始在城区东北角的广场上建筑主教堂。教堂由雕塑家布斯凯托·皮萨诺主持设计，另外还有一个圆形的洗礼堂和一个钟塔，构成一组建筑群，也是意大利仿罗马建筑之典型。在这组建筑群中，洗礼堂位于主教堂前面，与教堂在同一中轴线上，钟塔在教堂的东南角，这两个圆形建筑一大一小，一矮一高，一远一近，与主教堂生动和谐地组合在一起。教堂平面呈长方形的拉丁十字，长95米，纵向4排68根希腊科林斯式圆柱，纵深的主殿与宽阔的翼廊衔接的空间为一椭圆形拱顶所覆盖。主殿用轻巧的列柱支撑着木架结构屋顶，祭司和主教的席位在中堂的尽头。圣坛的前面是祭坛，这是举行仪式的地方，为了使它更开阔，在半圆形的圣坛与纵向的中堂之间安插了一个横向的凯旋门式的空间。大教堂正立面高约32米，底层入口设三扇大铜门，上有描写圣母和耶稣生平事迹的各种雕像。大门上方是几层连续券顶柱廊，以细长圆柱的精美拱券为标准，逐层堆积为长方形、梯形和三角形。教堂外墙用红白相间的大理石砌成，色彩鲜艳夺目。

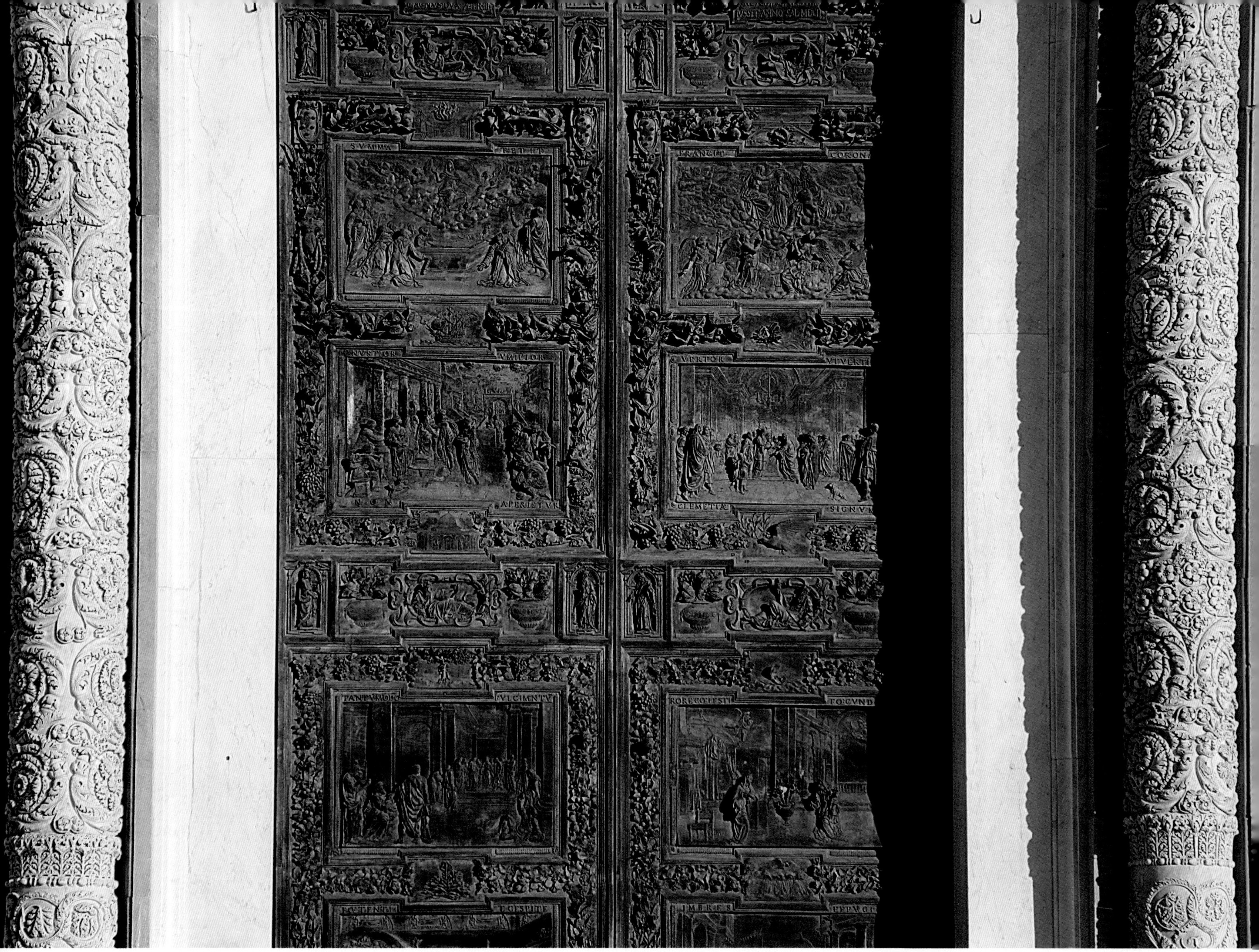

基督教教堂的大门装饰

Christian church door decoration

基督教美术主要表现在教堂的建筑装饰上，特别是教堂的大门和门拱，都是建筑中装饰效果最重的部分。比萨教堂的入口大门采用了巨大的青铜浮雕，通过大门就能感觉到教堂的威严和气魄。门拱部分更是将镶嵌画和浮雕有机结合起来，比例和尺度拿捏到位，让人惊叹。

“装饰性”在欧洲古典建筑中得到了最充分的表现，在比萨建筑群中“装饰性”更是建筑的重中之重。

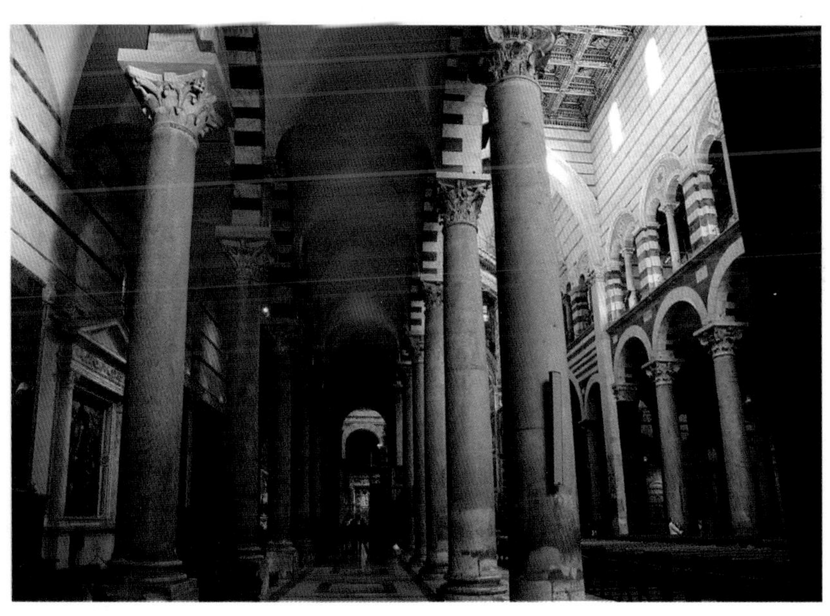

古典的“美”与美的古典

Classical beauty and beautiful classical

古典建筑艺术对“美”的追求达到了一种空前绝后的地步，绘画、雕刻、建筑被有机地统一在一种风格空间里，成为建筑本身密不可分的一部分，缺一不可……

罗马式建筑多以坚厚、敦实的形体来显示宗教的权威，从而塑造一种神秘、森严的宗教空间，这在比萨教堂的内厅得到了最好的体现。圆宏的柱体有一种坚不可摧的感觉。通过教堂中的一个木制顶棚，可以清晰欣赏到建筑装饰的精湛工艺。

艺术巨匠和教堂艺术

Art master and church art

在主堂坛的上方有一个圆弧形的顶棚彩绘，人物的动作和面部没有多大的变化，时间与空间也由此升华为一种永恒的存在。

我对宗教的认识其实是从我走进教堂的那一刻开始的心灵感触通过教堂的每一个细部和角落都可以真真切切地感受到；与其说是为宗教艺术所震动，还不如说是为这些创造建筑奇迹的“艺术大师”所折服，他们是缔造“艺术奇迹”的上帝……

INRI

比萨教堂的内部装饰美轮美奂，艺术性极高，绘画中透出高雅的气质，“雅”成为装饰主基调。

CURSIS UNDENIS
TERCENTUM MILLEQUE PLENIS IAM DOMINANTE

圣坛浮雕
Altar reliefs

位于教堂大厅中央的一个圆弧形石雕造型悬浮圣坛吸引了我的视觉神经。整个悬浮圣坛呈围合式，共分上、中、下三部分，最下边为大力神顶起的罗马柱头，中间是由众多雕刻组成的拱门群雕，最上面一层则是《圣经》中的各种故事情景浮雕，人物形象和雕刻手法精巧而富有装饰意味。

教堂内部隐秘而静谧的艺术

The art of secret and quiet inside the church

建筑作为一种“无声的音乐”，十分注重人的内心世界的情感体验，宗教建筑（也就是教堂）更是如此，它通过建筑体现人们对上帝的敬仰和信服之情——比萨教堂的内部装饰细致而精美，气质优雅，建筑风格和内部装饰皆为意大利风格。

教堂中厅的一组洁白的石雕非常醒目，它由上等白玉和绿宝石雕刻而成，高度概括的线条和强调人物内心世界的变化成为雕塑的唯一诉求，在这里，“神”与“人”似乎融为一体……

圣母百花大教堂（意大利语：Basilica di Santa Maria del Fiore），位于意大利佛罗伦萨城中，是天主教佛罗伦萨总教区的主教座堂。大教堂于1296年奠基，中间于1347年秋天因爆发黑死病而工程中断，最终于1436年3月25日完工并举行献堂典礼。教堂建筑群由大教堂、钟塔与洗礼堂构成，是罗曼式和哥特式建筑。1982年作为佛罗伦萨历史中心的一部分被列入世界文化遗产名录。

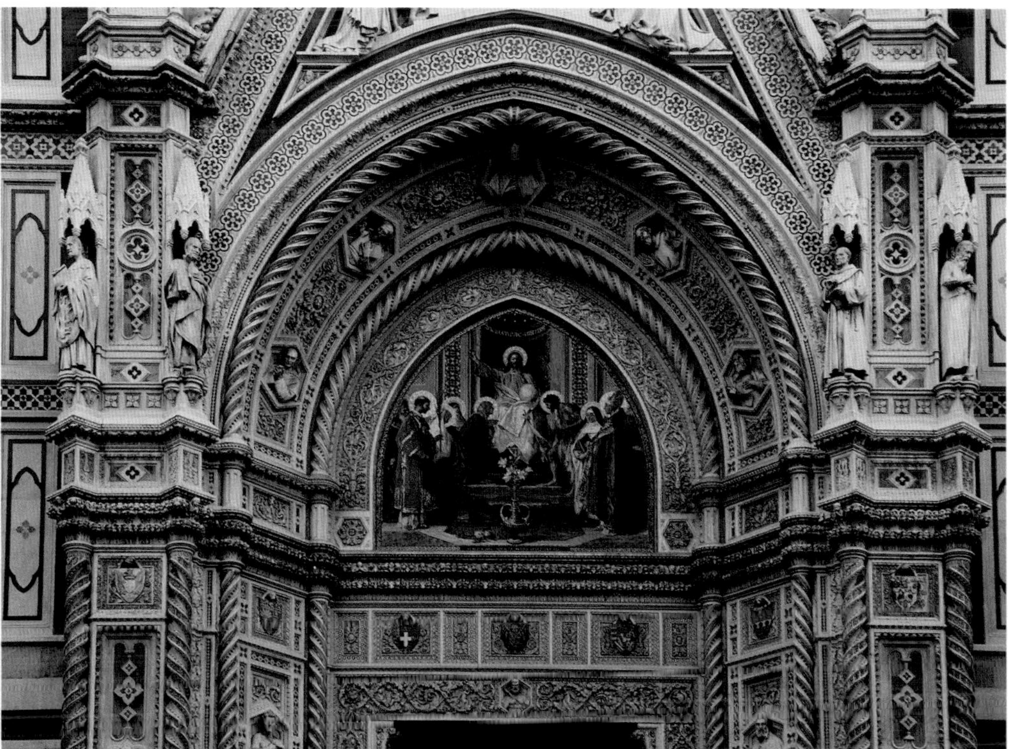

最美的鱼刺式圆顶建筑

The most beautiful fish bone dome

说到圣母百花大教堂（佛罗伦萨大教堂）就必然要说说它那魅力十足的建筑外观：论规模和气势比不上圣彼得大教堂，但它那特有的罗曼式建筑外墙装饰堪称天下第一，从建筑美学角度看，它的轮廓曲线和局部装饰线条都是非常有美感的，从建筑的各个角度看都达到了完美的一致，有别于任何同期的其他教堂建筑。我把它定为最美的鱼刺式圆顶建筑。

建筑概述

Architectural overview

大教堂于1296年奠基，1347年秋天工程中断。1367年由全民投票决定在教堂中殿十字交叉点上建造直径43.7米、高52米的八角形圆顶。1418年，佛罗伦萨市政府公开征集能够设计并建造大圆顶的方案。精通罗马古建筑的工匠菲利普·布鲁内列斯基（Filippo Brunelleschi）胜出，为总建筑师。在建造拱顶时，布鲁内列斯基没有采用当时流行的“拱鹰架”圆拱木架，而是采用了新颖的“鱼刺式”建造方式，从下往上逐次砌成。大教堂于1436年3月25日举行献堂典礼。百年之后，米开朗琪罗在罗马圣彼得大教堂也建了一座类似的大圆顶，却自叹不如：“我可以建一个比它大的圆顶，却不可能比它的美。”

古典复兴建筑

Classical Revival building

古典复兴建筑是欧式建筑风格流派中最为重要的一支，15世纪产生于意大利，后传播到欧洲其他地区，形成带有各自特点的各国文艺复兴建筑。意大利文艺复兴建筑在文艺复兴建筑中占有最重要的位置。

古典复兴建筑最明显的特征是摒弃中世纪时期的哥特式建筑风格，而在宗教和世俗建筑上重新采用古希腊罗马时期的柱式构图要素。文艺复兴时期的建筑师和艺术家们认为，哥特式建筑是基督教神权统治的象征，而古代希腊和罗马的建筑是非基督教的。他们认为这种古典建筑，特别是古典柱式构图体现着和谐与理性，并且同人体美有相通之处。这些正符合文艺复兴运动的人文主义观念。

但是意大利文艺复兴时代的建筑师绝不是食古不化的人。虽然有人如帕拉第奥和维尼奥拉在著作中为古典柱式制定出严格的规范，但是当时的建筑师，包括帕拉第奥和维尼奥拉本人在内并不受规范的束缚。他们一方面采用古典柱式，一方面又灵活变通，大胆创新，甚至将各个地区的建筑风格同古典柱式融合一起。他们还将文艺复兴时期的许多科学技术上的成果，如力学上的成就、绘画中的透视规律、新的施工机具等，运用到建筑创作实践中去。

洗礼堂的硕大铜门上雕刻有各种神人故事图案，在太阳光下无比耀眼，这是由“吉伯提”设计并监制的作品，也是建筑中的经典之笔。

装饰之美与细部刻画

Decorative beauty and detail portrayed

简单的一个门框装饰竟然有如此多的层次和精细雕刻来陪衬，可见其对“豪华”是多么的渴望！这六级装饰雕花没有一处是相同的，我们没有零乱和无序的感觉，只觉得层次分明，图案丰富完美，这就是古典艺术的魅力。

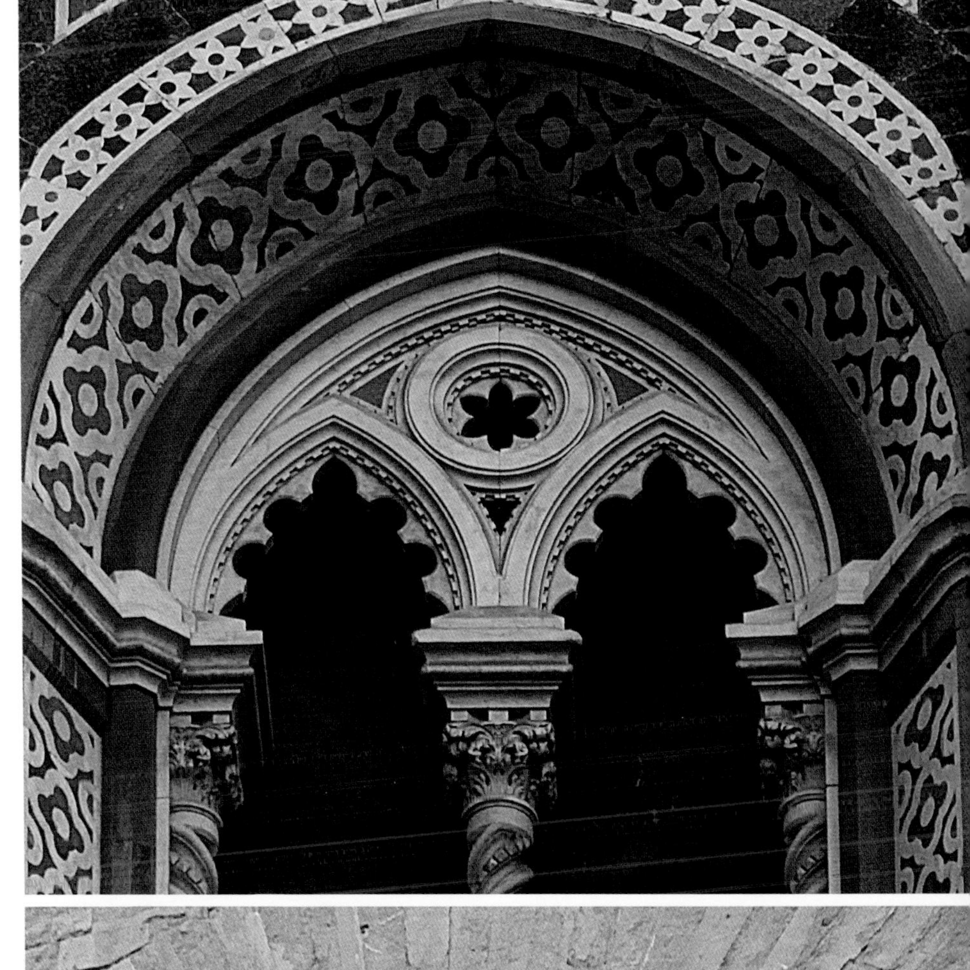

建筑装饰中的复杂与和谐之美

The beauty of complexity and harmony in architectural decoration

欧洲古典建筑在艺术性上有极高的成就，我们仔细观察就会发现每个建筑都有它独特的装饰风格和艺术元素。例如圣母百花大教堂的建筑细部就非常精彩，而且不同的功能有不同的图案和工艺手段，但它们都完全统一在一种基调里，各种图案和线条都达到高度的“和谐”，这是古典建筑艺术的精彩之处，从一个侧面也反映出艺术家的艺术修养和精神境界，他们的一丝不苟、尽善尽美的做派值得我们活在当下的年青设计从业者学习和深思。

百花齐放的文艺复兴建筑
Renaissance buildings

在文艺复兴时期，建筑类型、建筑形制、建筑形式都比以前增多了。建筑师在创作中既体现统一的时代风格，又十分重视表现自己的艺术个性，各自创立学派和个人的独特风格。总之，文艺复兴建筑，特别是意大利文艺复兴建筑，呈现空前繁荣的景象，是世界建筑史上一个大发展和大提高的时期。

一般认为，15世纪佛罗伦萨大教堂的建成，标志着文艺复兴建筑的开端。而关于文艺复兴建筑何时结束的问题，建筑史界尚存在着不同的看法。有一些学者认为一直到18世纪末，将近400年都属于文艺复兴建筑时期；另一种看法是意大利文艺复兴建筑到17世纪初已结束，此后转为巴洛克建筑风格。

意大利以外地区的文艺复兴建筑的形成和延续呈现着复杂、曲折和参差不一的状况。建筑史学界对意大利以外欧洲各国文艺复兴建筑的性质和延续时间并无一致的见解。尽管如此，建筑史学界仍然公认以意大利为中心的文艺复兴建筑对以后几百年欧洲及其他许多地区的建筑风格产生了广泛持久的影响。

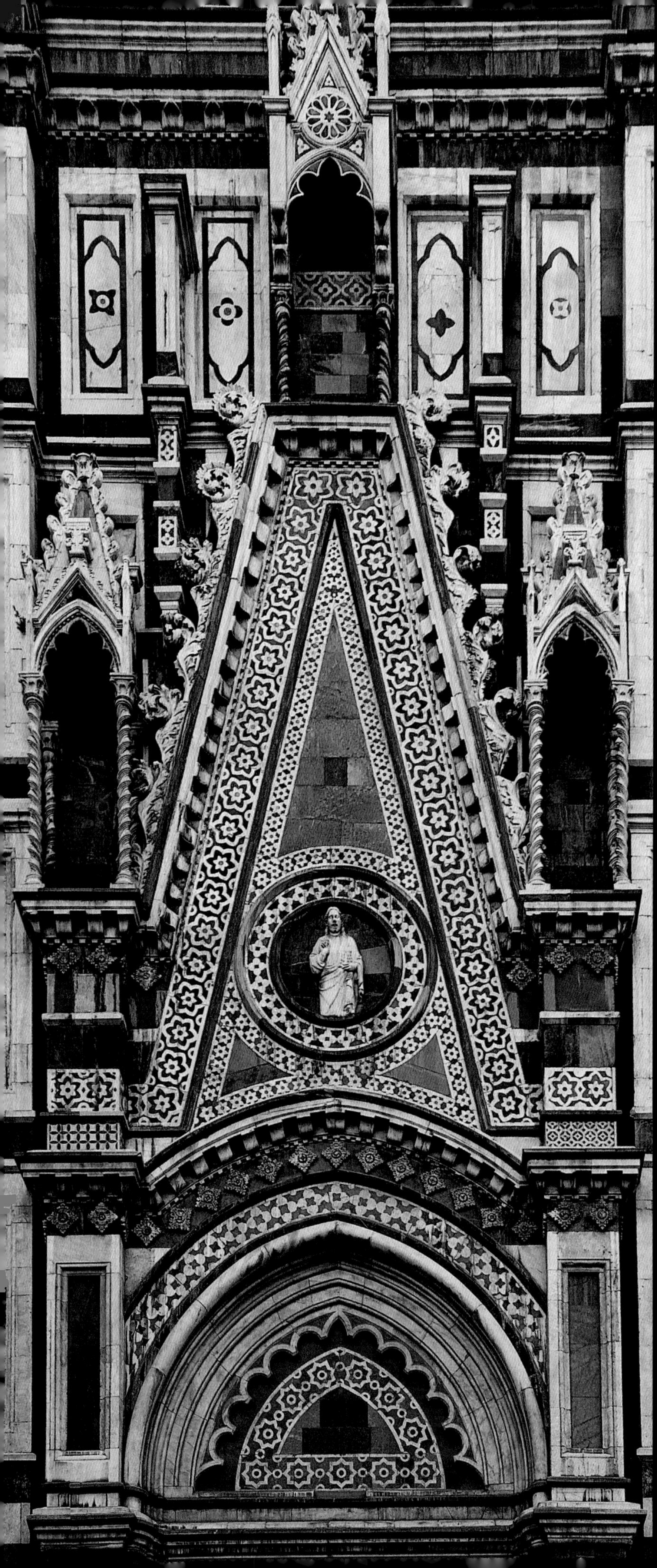

有着浓郁的文艺复兴特征的穹顶湿壁画是教堂最浓重的手笔之一。

同教堂浓重的外墙装饰相比，内部装饰似乎过于简单，这是使我很吃惊的地方，这里面似乎有更多故事和原因，这里我们就不去深究了。

ISRAELE E PALESTINA:
PACE SUBITO

尖塔

Spire

在佛罗伦萨广场的四周有三个塔楼尤其吸引人的注意力，其中最有代表性的就是位于圣母百花教堂边上的“乔托钟楼”，它是一个由六层方形结构向上堆叠而成的柱形建筑，属哥特式建筑。钟楼高85米，最初由大画家乔托（吉奥托）设计并监工，所以后来被命名为“乔托钟楼”。而其他两个高塔则各有特点，一座沿袭了锡耶那广场塔楼的特征，而另一座则是一个简化了的哥特式主塔，它们都是佛罗伦萨的标志。

文艺复兴雕塑

Renaissance sculpture

面对着主教堂的小广场是圣乔凡尼广场（piazza di san Giovanni），旁边是主教堂广场（piazza di Duomo），广场上呈列有很多文艺复兴时期的杰出雕塑作品。

在介绍教皇宫之前首先来了解一下阿维尼翁古城。这是一座有着古老文明的城邦，它有着悠久的宗教历史。我走进它时正好是深秋的傍晚，沉稳的建筑和凝重的色调深深吸引了我，这是一个深不可测的地方，一切都凝固着，似乎是一个空城，美得无法形容。我摒住呼吸，用心触摸城墙上长满青苔的粗糙岩石，想象着12世纪这里发生的一切。那么的久远！那么的近！我赞叹欣赏这里的一切，我要抓住它玩命地拍，用镜头记下眼前这魅力十足的一幕幕，用自己的行动见证这一刻。

这是法国东南部一座看上去非常古朴的城堡，厚重的城墙和12世纪遗留下来的横跨罗讷河的古桥梁，风雅古朴，凝重琼瑾，整座古城人口只有[illegible]万，城中有宫殿、教堂等

静谧的古城

Quiet of the old town

敦厚的城墙，水晶般透亮的天空，鹅卵石马路，城池安谧洁净，行人寥然，城中花木扶疏，气清神爽，堪称“世间绝境”。这里不仅是一个自然之城，更是一个艺术之城。

空无一人的古城似乎没有生命的痕迹，时间和空间在这里凝固着。不朽的枯树和老屋在斑驳夜灯的衬托下诡异而神秘，整个思绪沉静在“中世纪”的氛围中。

阿维尼翁之《阿维尼翁的少女》

Avignon, *Avignon Girl*

说一点儿和阿维尼翁有重大关联的事情，或许是由于这幅画用了阿维尼翁这个字眼，或许本身就有一些机缘；1909年末，毕加索开始了一件有重大意义的作品的创作，这件作品是他的经验总结，并且标志着他未来的活动朝现代派方向发展。这部作品就是《阿维尼翁的少女》。

这幅画对艺术界的冲击相当大，展出时，蒙马特的艺术家们都以为他发疯了。马蒂斯说那是一种“煽动”，也有人说这是一种“自杀”。有人感到困惑不解，有人怒不可遏。布拉克这位受到塞尚影响的画家也甚为惊讶，然而他知道另一种艺术形式已经诞生了。这种新创造的造型原理，成为立体派及以后的现代绘画所追求的对象。《阿维尼翁的少女》不仅是毕加索一生的转折点，也是艺术史上的巨大突破。要是没有这幅画，立体主义也许不会诞生。所以人们称它为现代艺术发展的里程碑。

选择法国的阿维尼翁和阿尔勒，很重要的原因是两位绘画大师毕加索和梵高与这两座城市有密切的关系，似乎我们的古典经典和现代派大师有着很深的渊源。

Palais des Papes
教皇宫

类别 / 皇宫、教堂建筑　年代 / 1309～1377年　原属 / 法国

教皇宫位于法国南部地中海边上一个古老的小城阿维尼翁，修建于1309～1377年，这座由西蒙德·马蒂尼和马泰奥·焦瓦内蒂设计装饰的罗马教主宫，看上去是非常古朴的城堡。这座突出的哥特式建筑下面的广场上，小宫殿和圣母院教士的罗马主教堂构成了一组特殊的纪念碑，它们显示了阿维尼翁在 14 世纪基督化的欧洲所扮演的突出角色及其显赫的权力地位。

小宫博物馆
Little Palace Museum

阿维尼翁教皇宫的主教官邸，现在叫小宫博物馆，以历代教皇私人收藏和祭坛画为主，其中历代教皇的画像尤为吸引人的目光。当年教皇们曾邀请众多的意大利画家为其作肖像画，这些画作深受意大利画派和佛兰芒艺术的影响，形成了阿维尼翁画派，并盛行于当时的欧洲。进入教皇宫，第一眼看到的就是这些历代教皇、教主的画像，它们栩栩如生地再现了当年的风采，但大多数画像都采用侧面或正侧面来构图，而没有采用正面的画像构图，这一点是我一直探究的一个秘密。就画像本身而言，这些都是非常有艺术价值和较高艺术表现力的作品，它们是“教皇宫”辉煌的历史见证和象征，也是皇宫的标志和历史标签。

欧洲古典肖像画
European classical portraiture

随着欧洲文艺复兴人文思潮的兴起，倡导对人的尊重，人的价值得到肯定，特别是有着显赫地位的宗教领袖和王宫贵族都喜好请有名的绘画大师们为自己作肖像画。欧洲的肖像画创作有着悠久的历史，全盛时期是在15世纪。著名的肖像画大师有意大利的达·芬奇、提香，德国的丢勒，西班牙的委拉斯贵支，荷兰的伦勃朗、维米尔等人。

Le portail

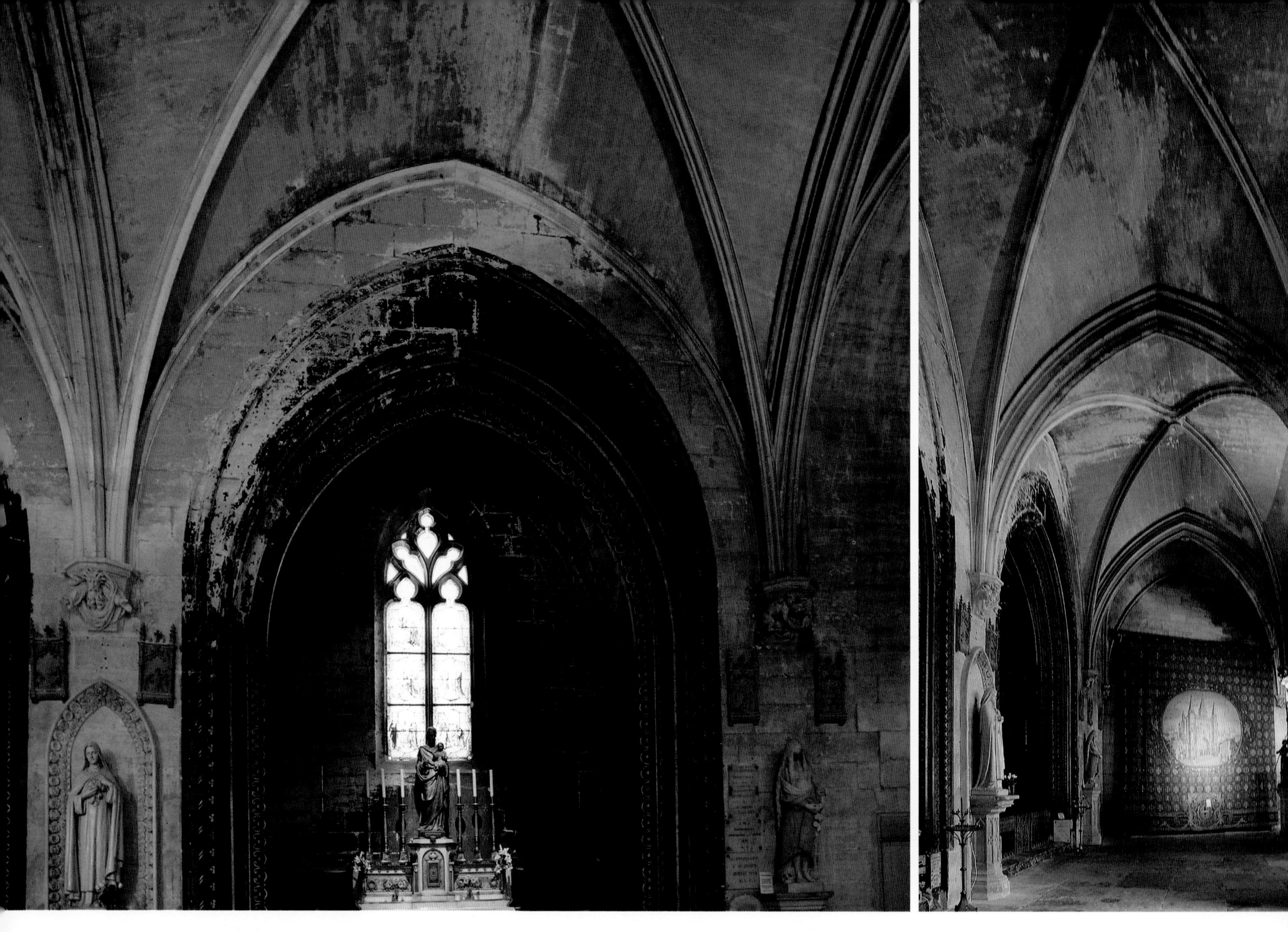

哥特式中厅

Gothic in the hall

这座哥特式建筑中厅朴实素雅，青灰色调的墙壁和柱廊同它朴实坚固的外观非常一致，穹顶和门拱都显得朴素简单，或许是年代久远的缘故，穹顶已显斑驳旧观，但雄伟庄严的空间仍散发出森严神秘的气氛。通过它们可以推断当年恢宏壮观的景象。

主座圣坛豪华肃穆

Luxury and solemn altar in cathedra

教皇宫主座圣坛背景屏风豪华肃穆，两侧大大的耳窗彩色玻璃在太阳光的照射下耀眼夺目，辉煌灿烂，犹如来自另一个世界。围绕着圣坛两边的众神雕像比例拉长，雕工精细，目视众生。廊边由18根罗马柱排列成弧形，中间影壁墙上镶嵌有描绘圣经故事的壁画，仍显旧日辉煌壮观景象。教堂内庭的空间尺度非常匀称和谐，精彩之笔随处可见。

ACTE DE RECONNAISSANCE
ENVERS S^T JOSEPH
J.C. —— M.C.
RECONNAISSANCE
À
S^T JOSEPH
11 AVRIL 1891
J. M. J.
RECONNAISSANCE
CONSÉCRATION À S^T JOSEPH
1879
A. S.
RECONNAISSANCE
À S^T JOSEPH
JUILLET 1884
S. A. C.
RECONNAISSANCE
À S^T JOSEPH
M. J. P.
RECONNAISSANCE
À S^T JOSEPH
POUR UNE GUERISON
17 MARS 1924
F. P.

三种截然不同的圣母雕像是不同时代建造者思想和宗教理念的表现和传递，雕塑的风格也大不相同。

GRÂCES INSIGNES
REÇUES
J. Q.
NNAISSANTE
1886
ECONNAISSANCE
S^T ANTOINE
M. E.
14 AOUT 1905
RECONNAISSANCE
A S^T ANTOINE
29 MAI 1907
E. M.
A S^T ANT
DE PADO
POUR TOU
RECONNAIS
CONFIAN
ET AMO
B. 1887
RECONNAIS
D'UNE GR
OBT
PAR S^T AN
16 JUIN

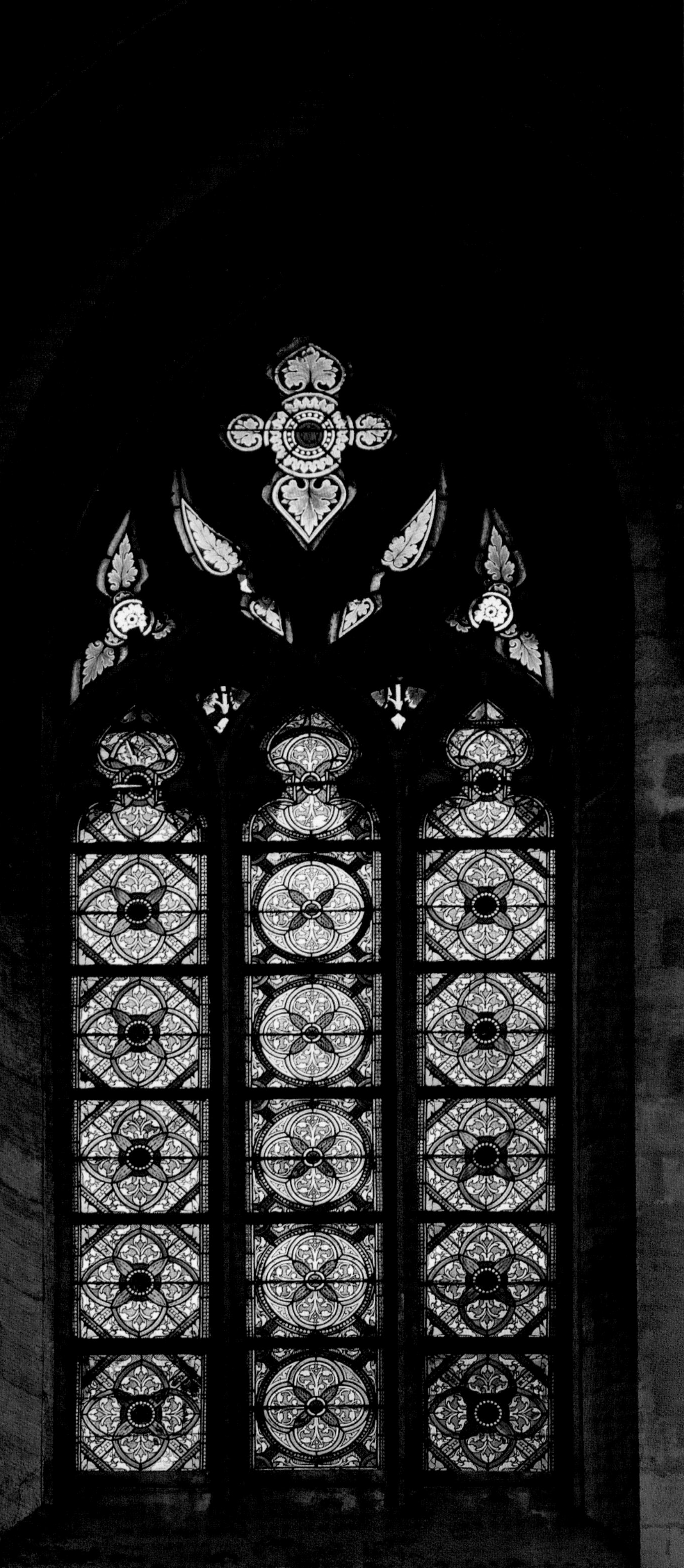

教堂彩色玻璃

Church stained glass

在欧洲的教堂中，彩色玻璃是建筑艺术中一个最为重要的组成部分。当我们关注教堂的宏伟建筑和雕刻艺术时，绚丽夺目的彩色玻璃也会深深吸引我们，它们甚至成为了教堂的眼睛和门户。在教皇宫的主教大厅，使人惊讶的是彩色玻璃竟然保存得如此完好。由于年代久远，教堂的墙面已变成了暗灰色，旧迹斑斑，有些壁画已看不清楚轮廓，可教堂的彩色玻璃在这昏暗的建筑包围下更加靓丽鲜艳，辉煌耀眼。仔细观察，你会发现这些彩色玻璃除了内容丰富外，绘制工艺更是完美精湛，每一幅都称得上艺术精品。人物形象鲜活，肌肉和衣服纹理清晰，层次和结构完整，明暗变化有序分明，有着非常高的写实主义表现技巧，是人类建筑历史中的艺术奇葩。

巨大的窗子射进了阳光。神学家们说，阳光灿烂的、明朗的教堂更像天堂。或者说，这阳光从天上射来，象征着“神启”进入信徒的心灵。但是，暖融融的光线足以冲淡幽秘。

当然，在哥特式建筑内部，占主导地位的仍然是宗教气氛。建筑的内立面几乎没有墙面，而窗子很大，占满整个开间，是最适宜装饰的地方。当时还不能生产纯净的透明玻璃，却能生产含有各种杂质的彩色玻璃。受到拜占庭教堂的玻璃马赛克的启发，心灵手巧的工匠们用彩色玻璃在整个窗子上镶嵌一幅幅的图画。这些画都以《新约》故事为内容，作为“不识字的人的圣经”。但是，它们同样也经历着宗教神学和市民文化的争夺。

11世纪时，彩色玻璃窗以蓝色为主调，有9种颜色，都是浓重幽暗的。以后，逐渐转变为以深红色为主，再转变为以紫色为主，然后又转变为更富丽而明亮的色调。到12世纪，玻璃的颜色有21种之多。阳光照耀时，把教堂内部渲染得五彩缤纷，光彩夺目。教士们解释，这正是上帝居处的景象。有智者说，注视物质的美丽能导致“对神的理解”。可以利用尘世的光辉，用贵金属、宝石、马赛克、彩色玻璃等的光彩引导信徒接受神的启示。可是，冲破神学玄秘的迷雾，把彼岸世界搬到可以直接感知的现实中来，正是工匠们的特点，更何况较晚的彩色玻璃窗，万紫千红闪烁，洋溢着欢乐的情绪。

彩色玻璃窗的做法是，先用铁棂把窗子分成不大的格子，用工字形截面的铅条在格子里盘成图画，彩色玻璃就镶在铅条之间。铅条柔软，便于操作。13世纪中叶以前，由于玻璃块小，所以分格小，每格里的图画是情节性的，内容复杂，形象多，因而色彩特别浑厚，并且便于色调的统一。13世纪之末，彩色玻璃窗发生了变化。玻璃块大了，分格疏了，因而图画内容简略，以个别圣像代替了故事，且用着色弥补彩色玻璃的不足，大面积的色调统一就难维持了，同时也就削弱了装饰性，削弱了同建筑的协调。14世纪，玻璃的色彩更多样，也更透明，因此就不浓重了。由于常用几层不同颜色的玻璃重叠，色调的变化更多了。到15世纪，玻璃片更大了，不再作镶嵌，而在玻璃上绘画，装饰性就更差了。

由小块到大片，由深色到透明，这是玻璃生产技术的进步，但玻璃窗却为此而损失了它的建筑性。一种建筑艺术手法，总是同一定的物质技术手段紧密地联系着。不论占统治地位的意识形态需要什么古老的艺术手法，物质技术手段总是按照生产力本身发展的规律进步，决不会为了某种艺术要求而停滞下来。于是，物质技术手段发展到一定程度，旧的艺术手法就不能适应，必须抛弃，不论它过去有过多么高的成就，都必须寻求新的、同性质的或者与新水平的物质技术手段相适应的艺术手法。

GLADIUS PERTRANSIVIT
IBI POSUERUNT JESUM
NOLITE FLERE SUPER ME
INVENERUNT ILLUM IN TEMPLO
APPELLATUS EST JESUS
FUGIT IN AEGYPTUM

放眼望去，圣母院的金色圣母像金光灿灿，近在咫尺。

圣母院广场上的耶稣受难雕像。

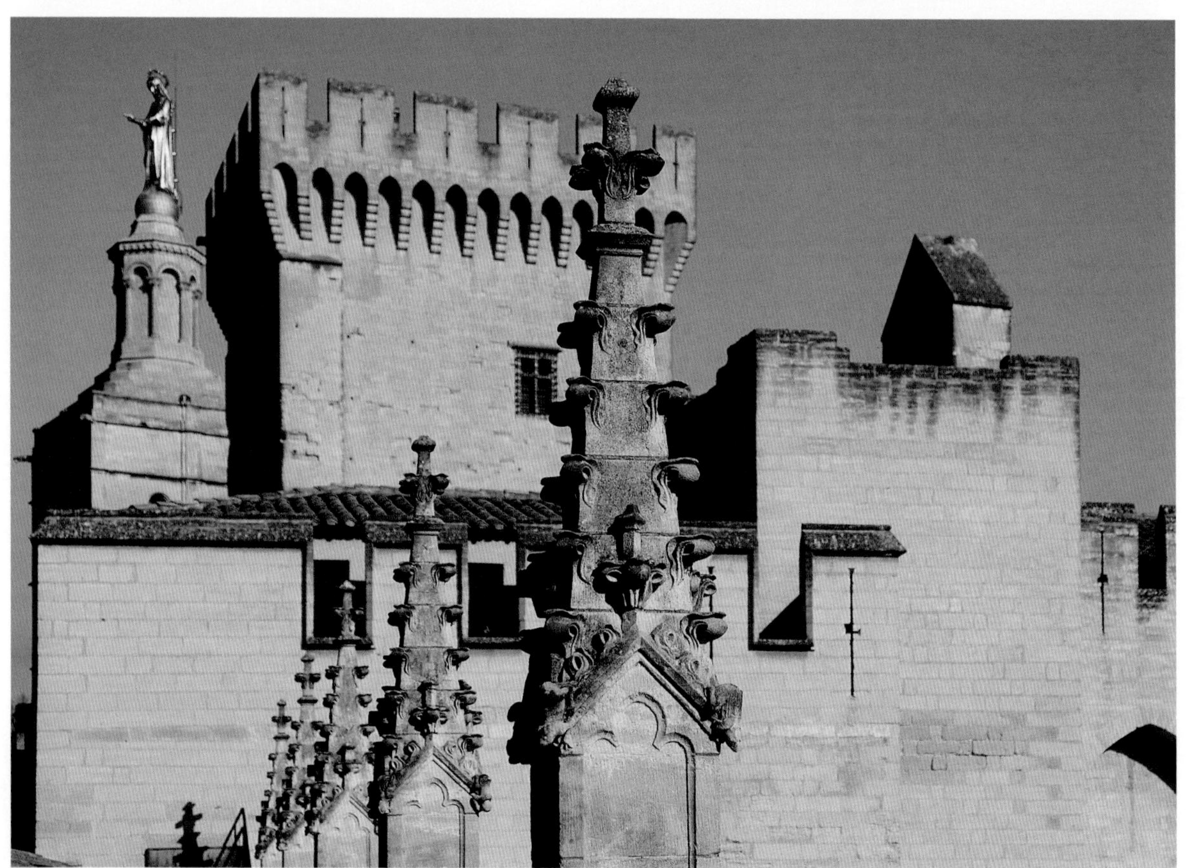

教皇宫的概述

An overview of Palaisdes Papes

1309~1377年，近70年的时间里共有7位教皇在这里居住。为了显示教皇的神圣和威严，在城北的高岩石山上，建造了新宫，并将旧宫和新宫连接起来，虽然两者风格迥然不同，但却形成珠联璧合的态势。新旧宫在建筑风格上都受罗马式建筑的影响。

教皇宫外观雄伟庄严，带8座塔楼，内部似一座迷宫，大殿小厅相连，廊道迂回曲折。新宫富丽堂皇，最大的厅堂是二楼的克雷芒六世礼拜堂，长52米，宽15米，高19米，象征教皇在阿维尼翁的权威。旧宫朴实无华，一层是红衣主教会议厅，二楼是宴会厅。附设的圣约翰礼拜堂，四周的墙面上画满了圣约翰一生的壁画，全部出自14世纪意大利名画家之手。

从此这座城堡式宫殿耸立在城北高岩石山上，成为阿维尼翁最动人的景观。远远望去，圣母院塔楼上的金色雕像金光灿灿，成为教皇宫的标志和象征。

这里是安葬教皇和王后的宫殿，里面设有石棺和卧像石刻，旁边有侍从的雕像。为了达到通风的效果，在宫殿的天顶上设计了通风口，非常科学。

宫殿

Palace

通过穹顶的绘画装饰手法，我们可以看出它的年代和历史。这是旧宫早期建筑，尽管建筑本身是哥特式，但局部透出许多罗马式建筑的痕迹。

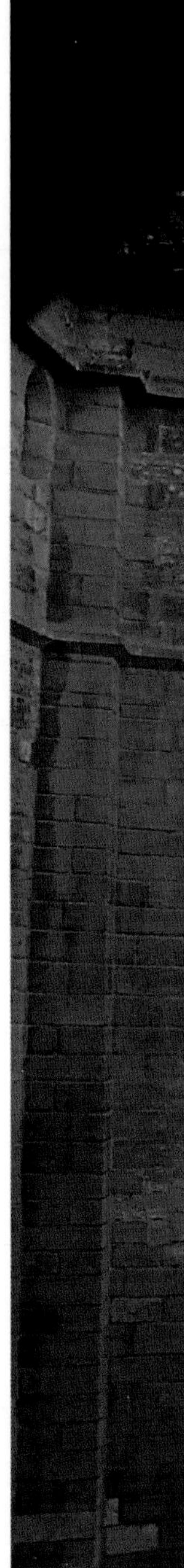

城墙

City wall

阿维尼翁引人注目的景物不少，城墙就是其中之一。这里的城墙是完整的一圈，总长近5000米，由大块方石砌成，坚固而厚重。城垛、城塔和城门都完好无缺。城墙建于14世纪，19世纪进行过重修，墙上雨水冲刷的痕迹凸显它的沧桑。城里街道不宽，两边绿树相夹。漫步其间，不时可以听到路旁饭馆和咖啡馆里传出的杯盘相碰声，可感受到一种悠闲、祥和的生活气息。城里的房子都是不怎么高的古建筑，有些墙上画着假窗。原来，阿维尼翁城里收税是按家里是否有钢琴、开了几扇窗户来计算，有的人家为了少纳税，建房时就少开窗，房子建好后在外面画上假窗。1995年阿维尼翁被联合国教科文组织列入世界文化遗产名录。

窗棂造型是欧洲古典建筑中着重表现的部分，可以看出门拱和彩色玻璃已损毁，但窗棂雕刻保存完好，线条优美。

旧宫中的墙面彩绘壁画真实地反映了早期比较单一的绘画装饰风格，是教皇宫中难能可贵的历史真迹。

教皇宫全貌

Overview of Palais des Papes

教皇宫的全景，展现了当年举行大典时的辉煌壮观场面（反映教皇宫建成全貌的绘画作品）。

古城全貌

Overview of old town

教皇宫和阿维尼翁城的全貌图，可以看到教皇宫在山顶高处的景象，如今图中周围的几个高塔已不见踪影（反映全城风貌的绘画作品）。

石棺

Sarcophagus

石棺的盖子上面是教皇和皇后的卧式雕像，下面是石棺。

Saint-Trophime of Arles

圣托菲姆教堂

类别 / 教堂建筑　年代 / 972～1152年　原属 / 法国

圣托菲姆教堂是法国南部普罗旺斯地区阿尔勒城内的一座罗曼式教堂，其带有古罗马遗风的西立面为普罗旺斯罗马式建筑艺术的代表作之一，教堂南侧的回廊同它一起见证了阿尔勒这座曾经浸润在古罗马文明中的古城融入西欧中世纪文化的进程，并以此于1981年连同城中的竞技场、古剧场等古罗马遗迹一起被列入联合国教科文组织的世界文化遗产名录。

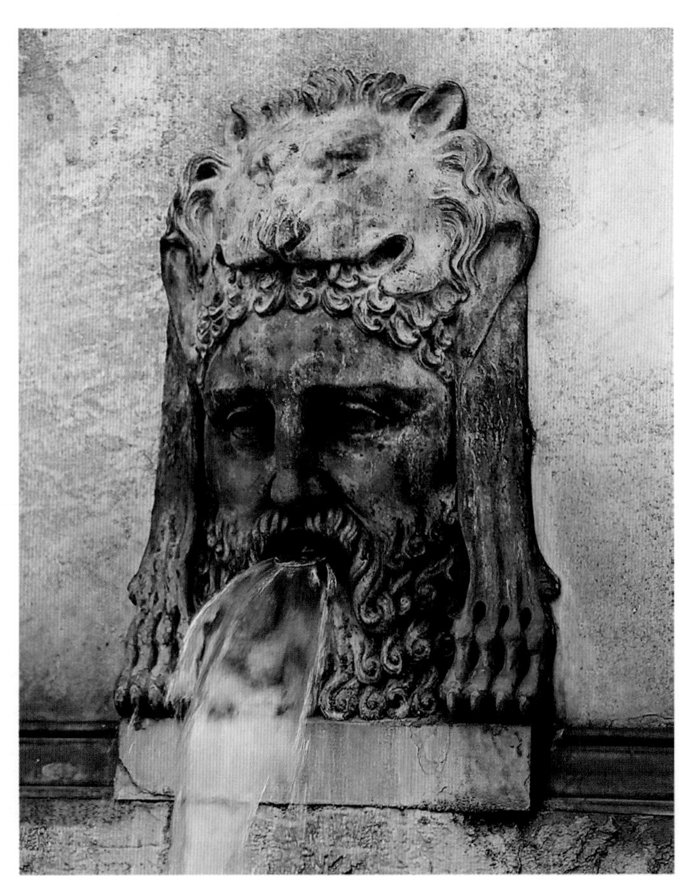
广场上的狮头人面雕像。

阿尔勒——梵高

Arles – Van Gogh

阿尔勒被称为“艺术历史古城”，城内有许多有名的古建筑，其中有罗马时期的斗兽场和许多宗教建筑。最有意思的是，这里曾是艺术大师聚集的地方，也是艺术大师的孕育地。梵高曾为寻找阳光来到阿尔勒，在他生命的最后两年，在这里不停地寻找新的绘画灵感和生命意义，前后画了300多幅画作，著名的《向日葵》《阿尔勒疗养院》就是在这里完成的。

历史

History

位于共和国广场上的圣托菲姆教堂经历过多次重建或修建，现存主体部分为12世纪所建，之前该教堂名为圣司提反主教座堂。圣托菲姆相传为阿尔勒首位主教，从972年到1078年间，有史料多次提及圣托菲姆的圣骸保存于时称圣司提反主教座堂的大教堂内，1152年新教堂建成后为其圣骸再次迁入举行了隆重的仪式，自此教堂名从圣司提反渐转为圣托菲姆。法国大革命后，阿尔勒总主教教区地位被取消，隶属于艾克斯，圣托菲姆教堂也从主教座堂成为一般的堂区圣堂。据考古资料显示，教堂基址在古罗马时代曾是浴场建筑以及拥有众多立柱的大型建筑。自5世纪以降，历次重建修建概况如下：

1. 5世纪前半期：原先位于卫城的教堂迁至现址，为献给圣司提反的主教座堂。
2. 10世纪末至11世纪前半期：教堂新建，以砾石规则砌合的墙体，今日还存见于西立面及南北墙的下部。
3. 11世纪末至12世纪前半期：现存教堂主体部分新建而成，包括中厅、侧廊、横厅、后殿及两侧的东向小礼拜室。
4. 12世纪后半期：教堂西首满饰雕塑的大门及位于纵横厅交叉点上的正方形塔楼建成，标志着教堂罗马式风格阶段工程的结束。
5. 15世纪后半期：罗曼式的后殿及小礼拜室为哥特式的祭坛、祭坛环廊及辐射式礼拜室所替代，教堂东侧从此为哥特风格。
6. 17世纪：教堂西首大门两侧各开一古典主义侧门，横厅南北耳堂两端分别加建圣器室和小礼拜室。

建筑装饰

Architectural decoration

由于历史上深受古罗马文明影响，12世纪普罗旺斯地区的罗马式建筑深深烙上了古典艺术的印迹，圣托菲姆教堂西立面大门的三角门楣即是这一传承最优秀的代表之一。三角门楣双坡同侧廊及中厅坡顶平行呼应，强化了整个西立面的水平走向。在这里，门楣作为建筑要素的功能已弱化，而更多是作为装饰要素来处理。

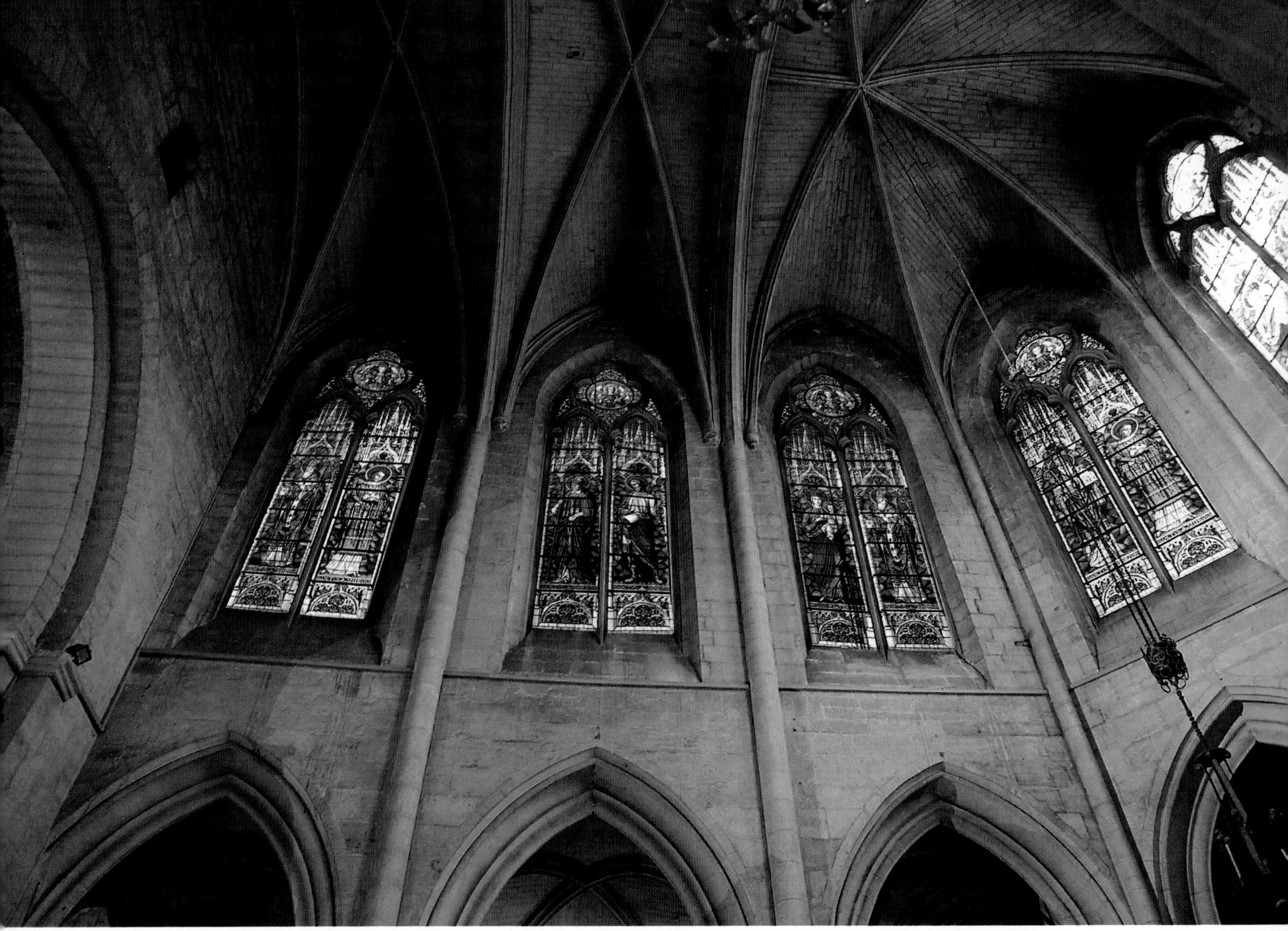

教堂内部结构和装饰

Structure and decoration within the church

教堂内部的空间处理从西立面便能管窥，如中厅和侧廊的分布以及两者的宽度比例。圣托菲姆教堂的侧廊极其狭窄，拱顶为半筒形拱，中厅则是高高的略尖的尖拱。中厅支柱柱墩上均附扁平的壁柱，而非像多数罗马式建筑那样的半圆柱。仅有位于高窗高度承双层骨架券外券的立柱为小圆柱，饰螺旋纹或如古典柱式简约的竖纹，柱头亦如科林斯柱。当时古典建筑要素作为参照灵感的程度可见一斑。

左图的哥特窗被用砖封平，可以看出圣托菲姆教堂在维修时手段粗略。教堂的窗被封死，严重影响了教堂的采光，只有东侧保留了几扇彩色玻璃窗，这是非常遗憾的事情。试想，如果彩色玻璃窗能恢复昔日的模样，那该是何种漂亮的景象?

教堂彩绘玻璃艺术

Stained glass art in the church

圣托菲姆教堂中的彩色玻璃非常美，它的精湛工艺让人很难想象。在12世纪或者更早一些时期很难有此等卓越的工艺手段，所以我们推断这应该是后来几次重修过程中的杰作，具体时间有待查证。

SANCTVS HONORATVS
SANCTVS GENESIVS
VIRGO MATER LILI
SANCTVS TROPHIMVS

雕刻艺术

Carving art

圣托菲姆教堂中的雕刻保留了完整的历史和年代痕迹，有些雕像人物面部已毁，但通过肌肉和衣服纹理仍然可以看出它们是艺术水平较高的上乘佳作。

Alcazar Palace

阿尔卡萨尔宫

类别 / 宫殿建筑　年代 / 17世纪重建　原属 / 西班牙

1734年的平安夜，这座建于中世纪的辉煌宫殿被一场突如其来的大火烧成了灰烬。被烧毁的还有大量的绘画收藏及稀世罕见的艺术作品，但西班牙国王很快又开始恢复修建了这座新宫殿，也就是我们如今看到的这座意大利风格的建筑——阿尔卡萨尔宫。

1737年，国王下令将老阿尔卡萨尔宫的废墟拆除，第二年也就是1738年正式开工新建，在隆重的气氛中举行了新宫殿的奠基仪式，放进了第一块经过马德里大主教祝圣的石头。石头下面放了一个铅盒，里面装着在马德里、塞维利亚、塞戈维亚、墨西哥和秘鲁铸造的硬币。一开始计划在白色大理石制成的宽阔屋檐上安设西班牙国王的雕塑，但是这个计划最终未能实现。

参加新宫殿建设的有西班牙最有名的建筑师，他们竭力使新宫殿具有西班牙风情特征。可是结果不尽如人意，新的阿尔卡萨尔宫的建筑外观看上去仍然具有意大利式样的痕迹和烙印，而内部装潢则明显是法国式的。当然，中世纪建筑风格的形成有它强大的历史背景和深厚的基础，要突破的确不是一件容易的事情。

宫殿的修建在那个时代看来进行得相当快。为了从瓜达拉马和卡尔梅纳尔搬运石头，动用了成千上万头牛和骡子，即便这样，在历经23年之后，西班牙国王查理三世才得以住进这座宫殿的一部分。之后修建工作又持续了将近40年，直到1807年才彻底完工。

宫殿装饰艺术

Decoration art of the palace

阿尔卡萨尔宫在建造形式上同阿尔汉布拉宫有很多相似的地方——建筑的时间非常地接近，艺术形式上也就大略相仿，但工艺的精细程度比不上阿尔汉布拉宫。主要的建造装饰材料依然是钟乳石、糯米和黏石。这座围合式的庭院比起阿尔汉布拉宫水池小了许多，一层柱廊门拱有法式宫廷建筑的痕迹和影子。

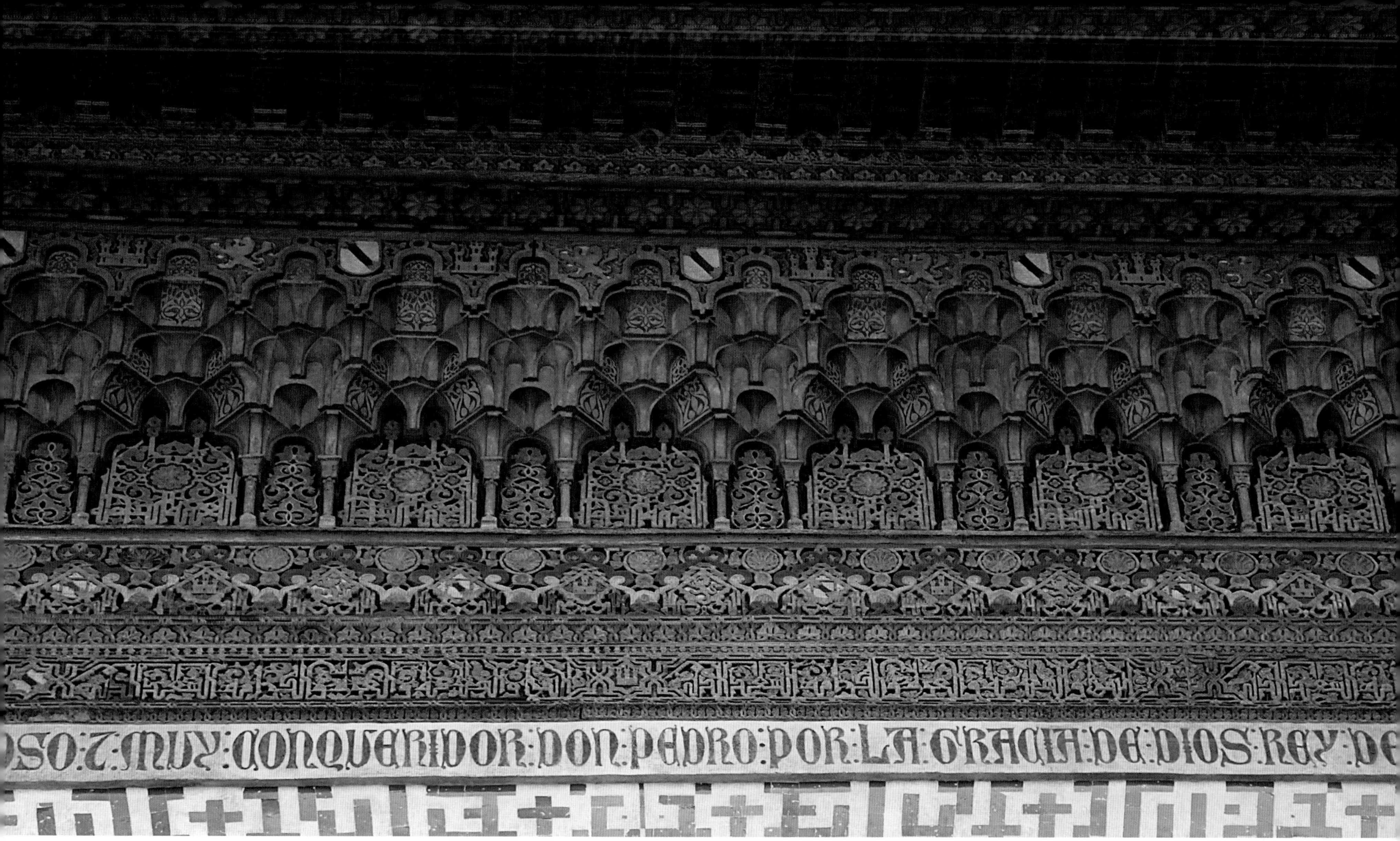

浮雕

Relief

上图为天花和墙面交接部位的艺术处理手法。为了使图案准确完整的过渡，采用了浮雕叠加的方式，对不同的弧面采取间隔式填充图案，以达到丰富多变的艺术效果。

左图为门拱沿口不同的装饰效果。

门拱

Door arch

每个门洞的造型都有所不同，门拱的弧度也有微妙的变化。石刻的精美程度时常使我想到中国的象牙雕刻，色彩自然温润，布局和空隙均匀细致，非常完美，似乎不应该在如此大规模的建筑物中大量出现，更像是家中的一件艺术品。

墙裙

Dado

在宫殿中比较突出的还有墙裙的彩砖饰面，色彩斑斓，气势恢宏，工艺精湛。同顶棚装饰形成上下呼应之感，也是通过墙裙彩砖将连廊和各空间有机地连接起来，使整个内空间形成一个整体。

石刻

Carved stone

钟乳石雕刻的门拱造型和天然橡木拼贴镶嵌的顶棚造型非常精美，工艺精湛。纤细的纹饰图案都是用不同材质的原木镶嵌拼贴而成，艺术性极高。

摩尔人的西班牙王宫

Moorish Spain, Royal Palace

711年，摩尔人入侵基督教的伊比利亚半岛（今天的西班牙和葡萄牙）。一个非洲柏柏尔人将军塔里克·伊本·齐亚德（Tariq ibn–Ziyad）率领6500名柏柏尔人和500名阿拉伯人北渡直布罗陀海峡，在伊比利亚半岛登陆。登陆后他立刻焚烧战船，以示破釜沉舟、背水一战的决心。经过八年的征战，摩尔人征服了南部大半个西班牙。他们试图向东北进军，跨越比利牛斯山。但732年被法兰克人的宫相查理·马特在图尔战役（Battle of Tours）中击败。数十年中，摩尔人统治了北非以及西班牙除了西北部和比利牛斯山区的巴斯克地区。著名的阿尔汉布拉宫、卡萨尔王宫都是摩尔人在这个时期建造的。

金银线镶嵌木饰顶棚造型完美，精工细作。

彩陶装饰画是宫中墙裙装饰的经典。

皇宫中供奉着西班牙的保护女神阿尔穆德娜和圣母玛利亚的铜版镏金画像。

手工壁毯画

Manual tapestry paintings

在宫殿中收藏了许多当年的壁毯画作。有些长达8米的巨幅画作，织工精细逼真，据有关资料记载共有955幅之多，大多表现历史战争和贸易节庆生活场景等内容。其中一幅反映哥伦布发现新大陆的壁毯画非常吸引人，它详细地将哥伦布行进的路线用坐标符号图标的形式织成巨幅的壁毯画，现在这幅作品也珍藏在皇宫博物馆内。

Cathedral de Seville

塞维利亚大教堂

类别 / 教堂建筑　年代 / 711 ~ 1248年　原属 / 西班牙

塞维利亚大教堂是西班牙南部安达卢西亚区省会城市塞维利亚市内的著名宗教名胜。塞维利亚市分布于瓜达尔基维尔河左岸，距河口12公里，为内陆河港，港内涨潮时可通海轮。从公元711年到1248年间曾先后为哥特人及摩尔人所建王国的都城，旅游业因名胜和交通条件而发达。大教堂仅次于罗马的圣彼得教堂和伦敦的圣保罗教堂，位居欧洲第三。教堂建于15世纪初，在原伊斯兰教寺院的旧址上改建而成。

PROVERBIS 18

外形特征

Shape characters

这是一座哥特式的大教堂，由顶部带许多尖柱的围墙环绕屋顶上向上耸立的尖塔组成。教堂边侧有一座高耸于所在建筑物之上的方形高塔，这就是有名的希拉尔达塔。塔高98米，是原伊斯兰教寺院建筑中仅存的一部分，于1184～1196年为阿拉伯人所建，显示了阿拉伯建筑艺术的美丽风采。塔身墙面上有各种标志阿拉伯艺术特色的花纹图案，塔顶上有装有25口大钟的钟楼。楼顶上有一尊代表“信仰”的巨大塑像，它是1568年由西班牙人增建的。巨大塑像高仰站立，手中举着一面半掩的旗帜，总高4米，约有1200千克重。

塞维利亚大教堂的外观非常壮观，老远看去如同一个城池。这座哥特式的建筑不像其他教堂以高取胜，而是以宏大的规模、气势逼人的外形著称于世，距摩尔人的王宫仅一墙之隔。登上教堂塔楼可以看到全城美景，王宫花园尽收眼底。

Manos Unidas

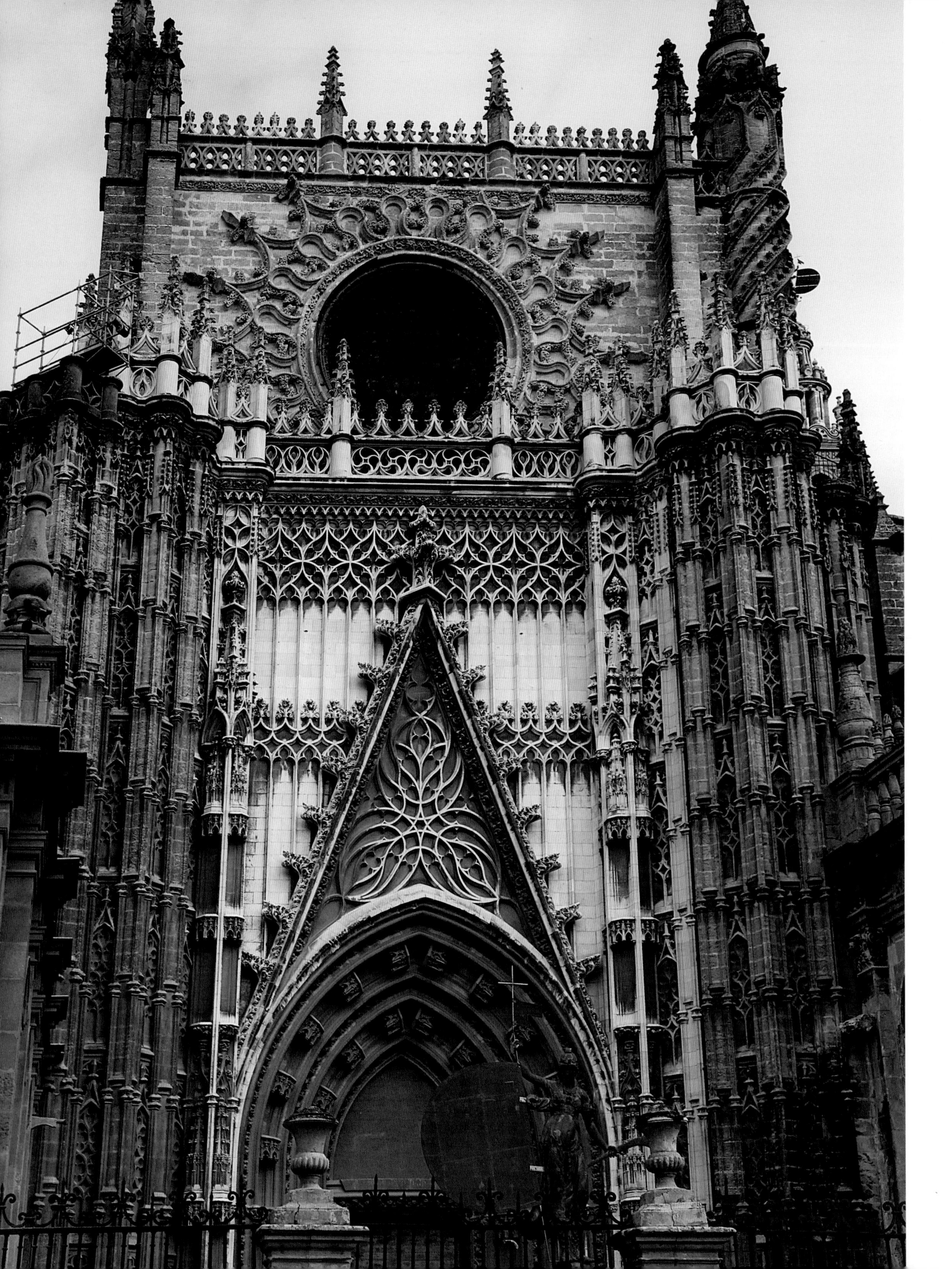

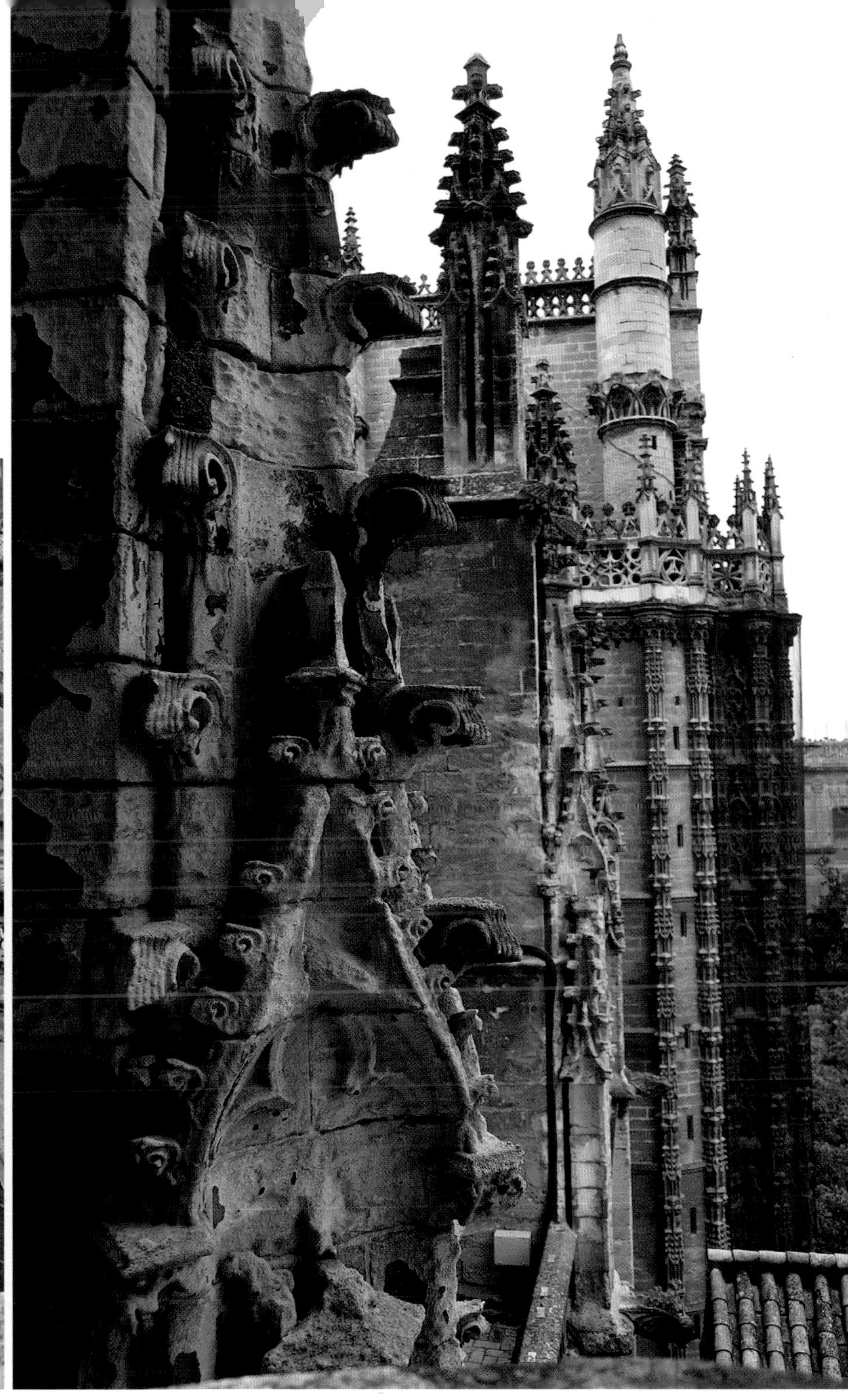

建筑概述

Architectural overview

自公元12世纪到15世纪，城市已成为各个封建王国的政治、宗教、经济和文化中心，这一时期兴起了封建社会大发展的产物——哥特式艺术。塞维利亚大教堂集哥特式艺术精华于一身，成为这个时期艺术的重要成果和象征。

这一时期的哥特式艺术已明显孕育着文艺复兴的到来。它已经将建筑物、雕塑艺术、绘画艺术紧紧地融合为一体，在塞维利亚教堂的一个主入口的建筑立面上可以看到哥特式艺术雕刻是多么的精美、构图多么的完整，从宙窗到拱门，浮雕图腾相互呼应，层次丰富多变的同时使画面高度统一完整。

教堂是中世纪欧洲建筑艺术的突出代表，哥特式建筑则是当时教堂建筑艺术的一种主要表现形式。它最早兴起于法国巴黎附近地区，后来逐步流行于欧洲各地。

从屋顶的众多造型奇特的尖柱可以看出教堂在不同年代遗留的印记，如同老者的皱纹般的建筑表皮流露出岁月的沧桑之美，这也成为教堂艺术生命力的见证。

哥特式教堂入口雕刻

Entrance sculpture of Gothic church

哥特式教堂的入口可谓空前奢华，通常都采用逐级排列的造型，有一种透视感，采用圆雕和接近圆雕的高浮雕层层排列，使人从门拱的豪华造型就能感受到教堂的豪华绚丽。雕塑是教堂建筑不可缺少的装饰，特别是门拱两侧都是装饰重点，它的人物形象保持独立的空间地位，追求三度空间的立体造型，并且按照一定的规律逐级排列，气势宏伟，蔚为壮观。每一个人物力求符合真实的形象，自然生动，人体丰满，衣褶随之有了结构的变化，使人感到衣服里面是实实在在的人体。雕像不再是人的外形的模拟，而是有血有肉的鲜活的人。这是哥特式筑最大的突破和贡献。

教堂内部装饰

Church interiors

教堂内部空间极大，主要有王室座堂、主座堂、珍藏馆、祈祷厅等。王室座堂是西班牙文艺复兴时期的早期作品，在建筑物简洁的几何造型结构及其拱形圆顶的表面都布满了富丽堂皇的复杂纹样装饰。祭坛正中安放了一座代表塞维利亚地方保护神国王圣母的木刻雕像。雕像前有三个王室成员的骨灰盒。中间一个华贵的银制骨灰盒是费尔南多三世（1217~1252年在位）国王的遗骨，两旁分别是皇后和儿子阿方索十世(1252~1230年在位)的骨灰盒。座堂内还有哥伦布的墓穴。座堂周围漂亮精致的铁栅建于1771年。主座堂是宗教活动的主要场所，装饰极为华丽，哥特式祭坛荟萃了大量神态各异、栩栩如生的人物艺术雕像或绘画，具有很高的鉴赏价值。教堂的珍藏馆内，展出了各种各样华丽珍贵的帷幔、法衣、赞美诗集、唱诗班用的经书架等宗教艺术作品。在主圣器室内还有各种不同的圣物盒、金银器皿等各种展品。特别珍贵的是一座7.8米高、带有复杂花纹装饰的15枝大烛台和祭台上的圣龛。在另一间圣器室内保存着西班牙著名的绘画大师穆里略（1617~1682年）、马尔德斯（1630~1691年）、莫拉莱斯（1509~1586年）、戈雅（1746~1828年）等人的绘画作品。

在教堂建筑中常常会看到罗马柱是最为常用的形式，但在塞维利亚教堂中看到罗马柱被用一种浮雕的形式演绎。

SANCTO NATUS EX MARIA VIRGINE

教堂历史

Cathedral history

教堂的祈祷厅建于16世纪，由椭圆形的穹顶覆盖，墙上挂着穆里略的各种著名宗教油画。整个建筑属于西班牙哥特艺术鼎盛时期的风格。

1491年，哥伦布就是在安达卢西亚的富商和船主们有密切交往的大教堂主教的四处奔走张罗引见下，与高级官员、银行家、船主们加强了联系，促使西班牙国王同意了他环球航行探险的计划。

在哥伦布的四次航行中，第一次从北半球亚热带和热带地区横渡大西洋；第二次从欧洲航行至美洲地中海（加勒比海），发现了南美大陆和中美地峡，发现了大安的列斯群岛的古巴、海地、牙买加和波多黎各，发现了巴哈马群岛和小安的列斯群岛的大部分岛屿，同时还发现了特立尼达岛和加勒比海一系列较小的岛屿。1504年底，哥伦布结束在外历时两年半的最后航行驶进瓜达尔基维尔河河口时——此时他虽已身患重病，情绪忧郁，得到的却是国王的一道命令：变卖哥伦布全部动产，查封其他财产，以便清算他的债务。1506年5月20日，这位伟大的航海家与世长辞，身边没有任何人照料。哥伦布发现新大陆的巨大意义，仅在征服、占领墨西哥、秘鲁和北安第斯山脉国家之后，在成堆成堆的黄金和成队成队的“白银船”进入欧洲时才为16世纪的西班牙人所明白，并得到他们的公认。然而，哥伦布探险所具有的世界历史意义和革命意义只是到了19世纪的中期才由《共产党宣言》的作者们给予首次肯定。

穹顶是教堂中最为耀眼的组成部分，不同的穹顶造型都是由空间整体决定的，但穹顶的好坏直接影响着整个教堂的艺术效果。

蒸炉暖火坛的造型多式多样，但这里的造型更像宫廷中的器物多了一些巴洛克式的风格。

HANC METROPOLITANAM ECCLESIAM
SOLEMNITER CONSECRAVIT

哥伦布墓

Columbus tomb

由于哥伦布在我幼小的心灵中留下了深刻的印迹，所以这座与哥伦布有着密切关系的教堂是我关注的重点。我在巨大的教堂空间寻找了很久都没找到这位前辈的灵柩，但当我要上楼时突然看到那幅巨大的壁毯画，一切尽在眼前，真是应了那句老话："功夫不负有心人"。

哥伦布棂棺雕塑

Columbus lattice coffin sculpture

这是塞维利亚教堂存放哥伦布石棺的一幕，四个活体人物雕像身穿当年的服装，表情肃穆，抬着哥伦布的棂棺，再现了当年为其举行盛大葬礼的场景。哥伦布一生四次乘船横渡大西洋，开创了"发现"美洲的丰功伟业，成了世界史上妇孺皆知的航海家、探险家和发现家。为了彰显他生前的卓越功绩，西班牙王储将他的陵墓供奉在此处，此后成为大教堂的重中之重。

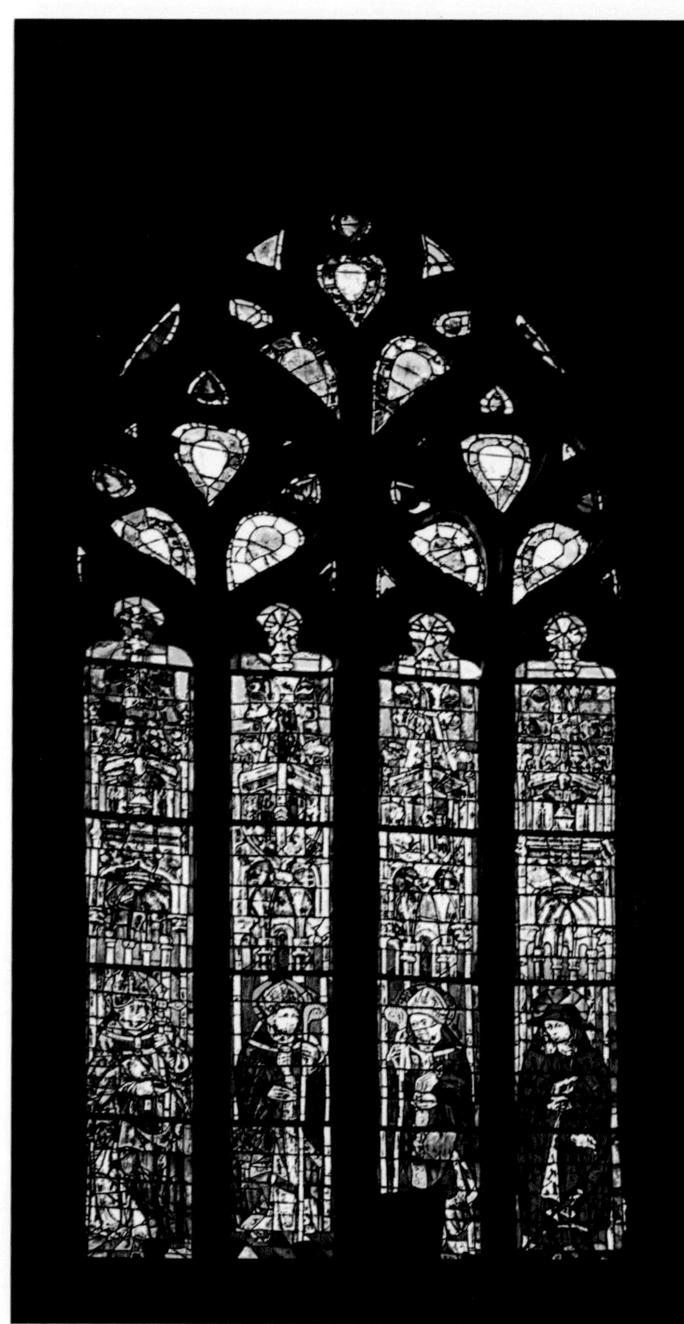

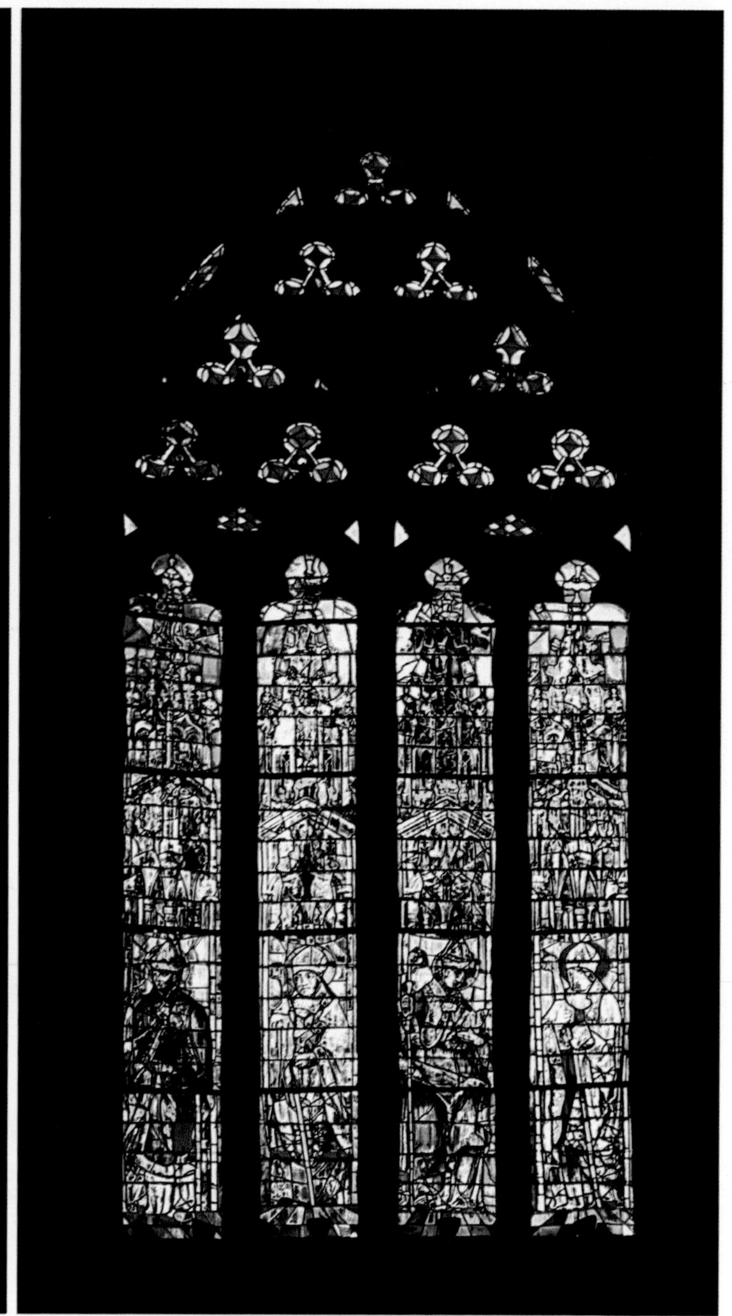

彩玻艺术
Colored glass art

彩绘玻璃是教堂的心灵之窗，时常不由自主地被它的美丽色彩和精美工艺所吸引，在这座教堂中有大量的彩色玻璃都非常漂亮，每一幅都是很有艺术鉴赏价值的。这里我们选择几幅与您分享。彩色玻璃的艺术形式多种多样，这里的彩色玻璃多以宗教故事和大主教形象为主，色调以蓝紫色为主，在光线的照射下，光彩夺目，把教堂气氛渲染得五彩缤纷，正如教士们的解释：这阳光从天上透过彩窗射来，就如"神启进入信徒们的心灵，这正是上帝居处的景象"。

圣母祭坛

The altar of the Virgin

圣祭坛的华贵隆重装饰是哥特式教堂的一个亮点，这里的圣祭坛丰富多彩，艺术形式多种多样，尤其是位于中心位置的圣母雕像非常吸引人，四周金碧辉煌的浮雕将圣母雕像映射得耀眼夺目，将人的思绪引入一种神圣的“神”的境地。

圣母圣子浮雕

The Virgin and Child relief

圣母圣子浮雕没有了“神”高高在上的感觉，而是用一种平实百姓的心态塑造圣母肉身凡体的一面，可以从这个细微的变化看出当时教会文化贴近民众的一面。

拜占庭艺术壁雕

Byzantine art, wall sculpture

巨大的拜占庭艺术壁画和雕刻是中世纪的伟大成就之一，如同珍珠滑落般的墙面雕刻在光线的照射下闪闪发光，珠光宝气，让人应接不暇，华丽的背后似乎奢靡不乏，从而也可以看出这种艺术形式保守的一面。这或许是特定文化背景下的必然产物，但从宗教的需要出发，奢华雍容的装饰才能表达神权的万能和伟大。所以，随着帝国统治能力的缓慢削弱，渐渐也就被新的艺术形式所替代了。

如此辉煌奢靡的浮雕装饰壁龛在教堂中独树一帜。

大教堂博物馆　Museo de la Catedral

大教堂博物馆已被联合国教科文组织宣布为人类遗产，内有绘画、圣经手稿、诗歌唱本、纯金十字架以及华丽的金饰收藏品。这里原来建有塞维拉大清真寺，后于15世纪拆毁，随后便开始在清真寺原址上修建大教堂，所以在大教堂博物馆中依然能见到当年清真寺的珍贵藏品。

塞维利亚的西班牙广场是一个由建筑师阿尼巴尔设计的具有浓郁塞维利亚风情特征的弧形建筑群，为1929年伊比利亚美洲博览会所在地。整个建筑呈半圆形，主体建筑立面由红砖环绕砌成，外部用各种陶瓷工艺砖镶嵌而成，在建筑中央部分为主塔弧形两端则为副塔，前面是一个硕大的广场，楼群周围有一条人工小护城河，上面建有数座陶瓷装饰小桥，小桥造型别致，华丽壮观，气势不凡，别具一格。整个广场显得风情万种，气势逼人，犹如一个美丽的西班牙女郎迎面优美舞来，又如一个斗牛勇士面对雄壮的公牛张开那洒脱的双臂。建筑是无声的音乐，似乎这一切都得到了验证，画面和情节如此完美契合，让人窒息。由于这个缘，由我将她纳入本期的内容，尽管她的建造年限如此之近。

西班牙广场（塞维利亚）

Plaza de Espana (Seville)

走近广场要穿过一片茂密的树林，那时天空时而阴云密布，时而云开雾散，期待的心情不言而喻。树林的影子消退，展现在眼前的是一组犹如长龙般的圆弧形建筑群，两头高高的尖塔直插云霄，褚红石色的建筑主体沿着地平面延伸，路两旁的古典马车传出缓缓行进的清澈马蹄声，这种感觉太美了。我不由得兴奋起来，抓拍这唯美的瞬间，用心拥抱，亲吻“她”的脸颊，体验热情的塞维利亚风情建筑的魅力吧！

我用心拍摄了这样一幅宽幅的照片来展现西班牙广场的全貌，它犹如一个巨型的长龙，非常壮观。走近它时，又会有许多的惊喜和发现。

建筑高塔

Building tower

在这个建筑群的细部，我们不难发现汇聚了罗马式和阿拉伯风格的元素，它们都成为建筑必不可少的组成部分。

在罗马柱廊的一侧，每个罗马柱的顶端都镶嵌有一个城市总督的雕刻头像，以彰显他的事迹。

古罗马式的回廊和拱门、柱头，以及阿拉伯风格和西班牙建筑风格浑然一体，形成独具特色的塞维利亚风情建筑，被誉为西班牙最美丽的广场。

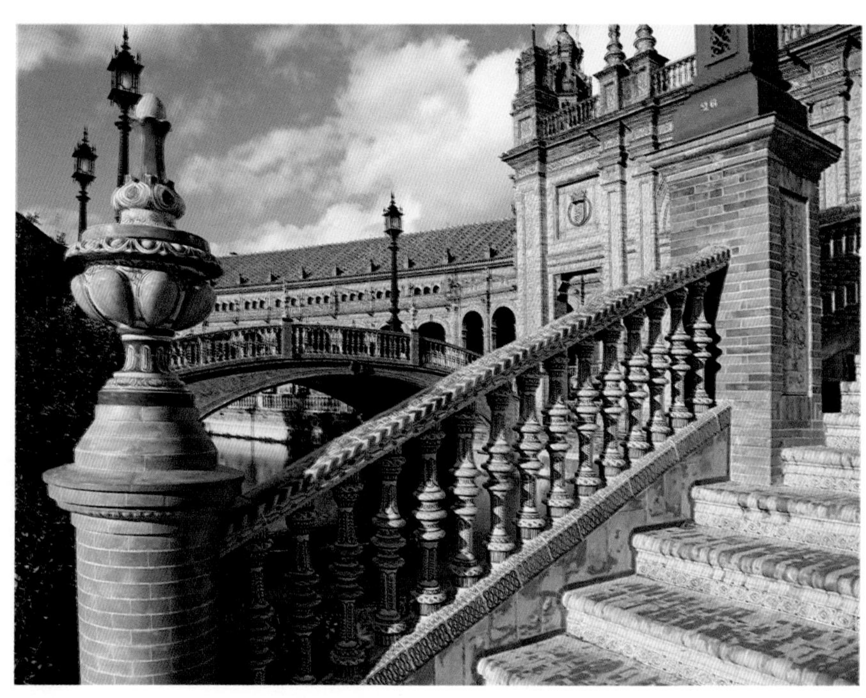

建筑中的陶瓷艺术

Ceramic art in the building

大桥的护栏全部由陶瓷制品组成,绚丽壮观,具有浓郁的西班牙塞维利亚风情，扶手、柱墩造型都非常别致，犹如灯塔一样的陶艺柱瓶同建筑高塔造型相呼应，柱身表面采用紫、蓝、黄、白相间的民族纹饰图案作为瓷饰，在太阳光的照射下，美轮美奂、漂亮之极。可以说，在这里可以看出西班牙人在建筑中是多么注重“装饰”，他们把装饰做到了极致，使建筑物的精神内含在装饰中得到深刻的诠释和演绎。这一点值得我们学习和借鉴。

陶瓷艺术在西班牙广场建筑群中成为一道靓丽的风景线，它那特有的视觉美感给人留下了深刻的印象，这就是它的独特魅力所在。

风格性建筑
Style building

我们不难发现，这是一座有特色和自己风格的建筑，在继承和吸收传统的同时，在建筑中加入了许多西班牙塞维利亚民族自身的文化元素，在用材和风格上也做到了和谐完美，特别是用西班牙当地的一种陶土砖和彩陶装饰相结合，古朴、热情，有着西班牙一样的热情奔放的民族情怀在建筑中得到了有力的表达。

彩陶建筑

Pottery building

灵巧的陶瓷艺术柱瓶造型乖张，同建筑主塔形成呼应，有着异曲同工之效。

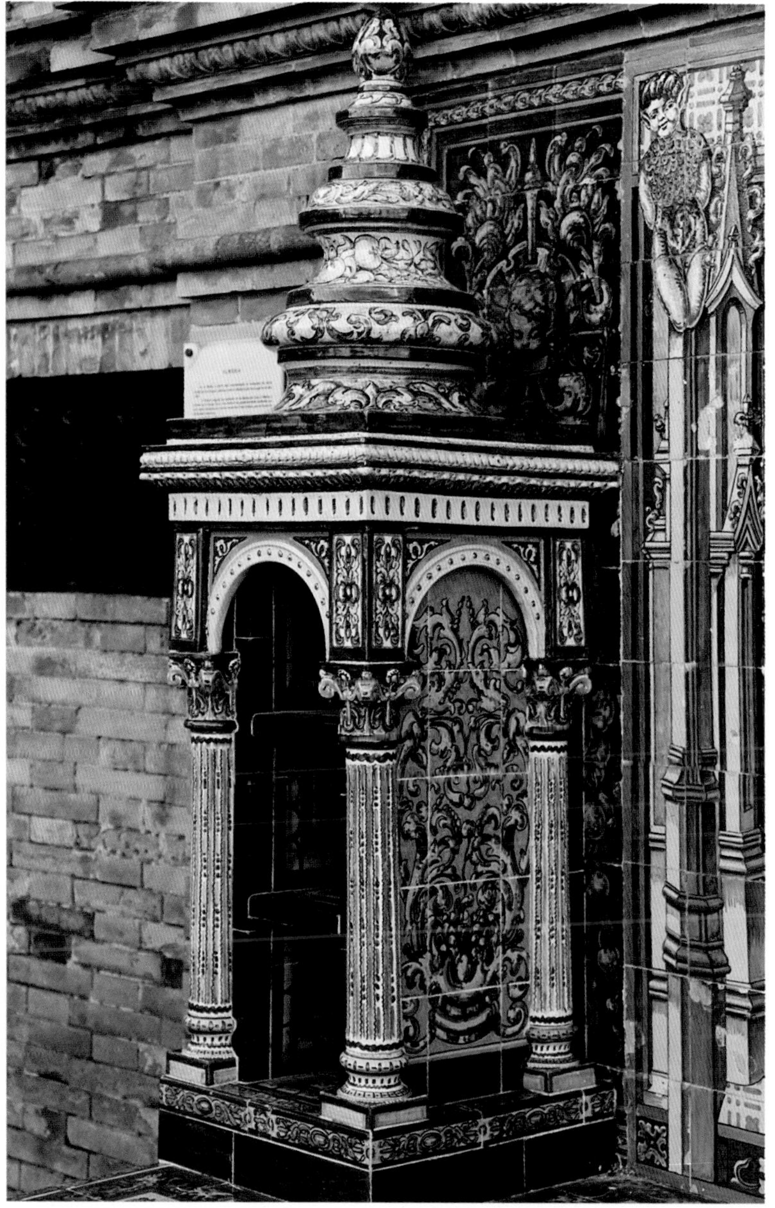

人性化设计

User-friendly design

这里是西班牙广场中非常人性化的一个设计，也是广场最精彩的部分。在广场边缘，围绕着建筑，设计了一组以西班牙各省58个城市为代表的休息活动区，每一个单元都用一个坐椅模样的艺术墙分开，休息区的背景墙上镶嵌讲述每个地区省市的历史故事的陶瓷画。这58幅镶嵌彩瓷壁画描述了西班牙各城市的万种风情。两边设置了两个灯塔造型的塔龛，夜晚可以放蜡烛，地面用金属和陶瓷马赛克镶嵌了各省的地图，每到夜幕降临，这里便是年轻人集会唱歌的乐园。我非常欣赏这样的设计。我在上面躺了十几分钟，晒着暖暖的太阳，欣赏着这些美不胜收的建筑细部，似乎感受到了设计者用心赋予建筑生命的那种精神含义！

BADAJOZ
VASCO NUÑEZ DE BALBOA
CACERES
BADAJOZ
MONTIJO
VALVERDE
VILLAR
MEDELLIN
CAMPANARIO
QUINTANA
CASTUERA
OLIVENZA
TALIGA
ZAFRA
LLERENA
AZUAGA
MONESTERIO
CORDOBA
HUELVA
SEVILLA

Almeria.
Conquista de Almeria

复古建筑

Rivial Architecture

广场的正对面就是这座总督府邸，建筑大量吸收伊斯兰宫殿建筑的特点和图腾元素，建筑的格局也和阿尔卡萨尔宫有几分相似，门楣、门拱装饰都是典型的伊斯兰风格。

Museo de Artes y
Costumbres

阿尔汉布拉宫是西班牙的著名故宫， 位于格拉纳达古城的山丘上。格拉纳达古城坐落于安达卢西亚省北部， 内华达山脚下，附近是灌溉便利的平原。古城盘踞在三座小山之上，可以从多个角度欣赏古城景色。阿尔汉布拉宫就坐落在山上的最高处，宫殿中保留了大量的建筑雕刻和古典园林风貌，是迄今世界上保留完好的建筑、景观、园林为一体的艺术佳作，也是人类建筑史上的奇迹。

阿尔汉布拉宫为中世纪（兴建于13～14世纪末之间）摩尔人在西班牙建立的格拉纳达王国的王宫，为摩尔人留存在西班牙所有古迹中最精华的建筑杰作，有“宫殿之城”和“世界奇迹”之美称。“阿尔汗布拉”在阿拉伯语意为“红堡”，始建于13世纪阿赫马尔王及其继承人统治期间。1492年摩尔人被逐出西班牙后，建筑物开始荒废。1828年在斐迪南七世资助下，经建筑师何塞·孔特雷拉斯与其子、孙三代长期的修缮与复建，才恢复原有风貌，如今这座人类历史上的建筑奇迹成为后人参观瞻仰的历史文化圣地，它那特有的伊斯兰建筑图腾纹饰一直被后人效仿至今

CAJA RURAL

阿尔汉布拉宫城邦区犹如精美大花园

Alhambra Palace city-state like a large beautiful garden

这座有着悠久历史的城堡宫殿的东面是美丽动人的赫内拉利费花园，是以前的统治者埃米尔伊斯兰国家酋长们的田园住处。他们13世纪和14世纪时统治着西班牙的这个地区。花园内郁郁葱葱、错落有致的景观布局保留着大量摩尔人建筑风格和安达卢西亚建筑造园风格。奈斯尔王朝的主要建筑环境都体现了惊人的整体规划技巧，相对于城市建筑和花园，各种装饰景观更能表现出这一特点。这组古迹是14世纪穆斯林统治西班牙的罕有见证，提供了中世纪阿拉伯皇家住宅及园林的例证。

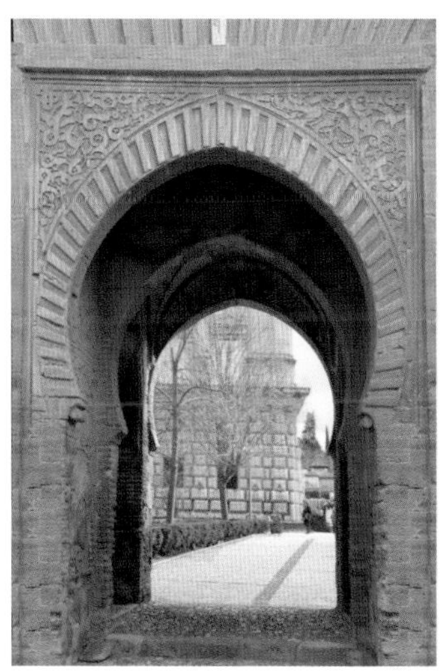

皇宫雕刻艺术

Imperial palace sculpture art

宫门前的卧狮雕像外形饱满，毛纹刻画写实逼真，犹如一个有灵性的狮子活生生地出现在你的面前，尽管岁月已将其面部的细节侵蚀模糊，但依然能想象它面容表情。这不由得使我想起霍去病墓前的一些雕塑作品，只是霍墓雕刻更注重轮廓和线条的表现和刻画，这里的卧狮更注重自然真实表达，但它们的创作理念却是注重“神形”兼备，重视精神和内在的刻画。卧狮的整体姿态似乎温顺亲和，一改我往日对雄狮昂首挺立的印象。

建筑概况及空间分布

Building profile and spatial distribution

现存最早的摩尔人建筑包括称为阿尔汗布拉的城堡和称为上阿尔汗布拉的附属建筑，前者是摩尔君王的宫殿，后者是其官员和宠臣的住地。宫中主要建筑由两处宽敞的长方形宫院与相邻的厅室组成。桃金娘宫院，长140英尺，宽74英尺，中央有大理石铺砌的大水池，四周植以桃金娘花，南北两厢，由无数圆柱构成的走廊柱子上，全是精美无比的图案，手工极为精细。而圆柱的建筑材料是把珍珠、大理石等磨成粉末，再混入泥土，然后用人工慢慢堆砌雕琢而成。这里的大使厅呈正方形，每边长37英尺，四面墙壁全是金银丝镶嵌而成的几何图案，色彩艳丽。中间有高75英尺的圆顶，为觐见室，内设苏丹御座。大使厅以其雕刻有星状彩色天花板和拱形窗户著称。

狮子厅为另一长方形宫院，长116英尺，宽66英尺，周围环绕以124根大理石圆柱的俏巧游廊，中间有模仿西妥教团净手间形式的建筑，轻灵的圆形屋顶饰有金银丝镶嵌细工的精美图案。

建筑的音乐

Music of the building

从建筑历史而言，阿尔汉布拉宫与中国的阿房宫、铜雀台等诸多建筑一样，都是建筑美学艺术的集大成者。可惜的是，中国的这些建筑皆被付之一炬，空有遗文。历史的见证也同样体现在阿尔汉布拉宫身上。《阿尔汉布拉宫的回忆》，是一首以宫殿为名的古典吉他曲，被称为“名曲中的名曲”，作者塔尔雷加，兼有作曲家和演奏家的天赋，是近代古典吉他之父。此曲也是吉他爱好者最喜爱的吉他名曲之一，如果听着这首古典名曲再来欣赏这座伊斯兰经典杰作，或许有更深的感悟。

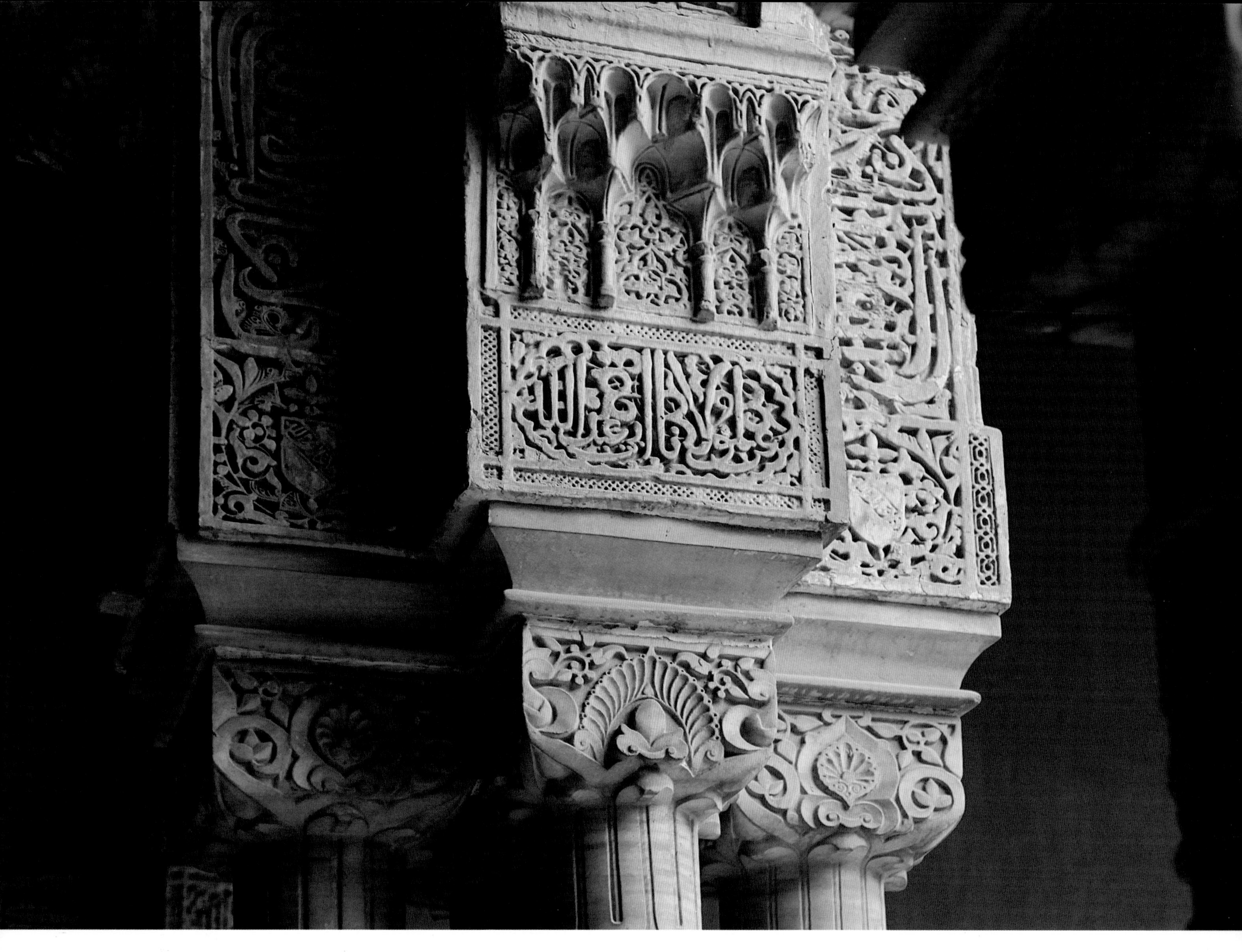

独特的伊斯兰雕刻艺术

Unique Islamic carving art

阿尔汉布拉宫以它宏大的雕刻艺术而著称：在宫殿中处处可见雕刻精美的柱头廊厅、门拱。如此大规模的雕刻又能做到细致入微，材料成了人们关注的焦点。有人说是象牙，有人说是一种当地特有的玉石，其实都不是，它是摩尔人建筑艺术的一大创举：面对如此庞大的雕刻规模，经过长期的实践总结出一套特有的材料配比。他们将珍珠和大理石（钟乳石）磨成石粉，再混入泥土，然后用人工慢慢堆砌雕琢，最后就形成了我们今天看到的伟大艺术杰作。

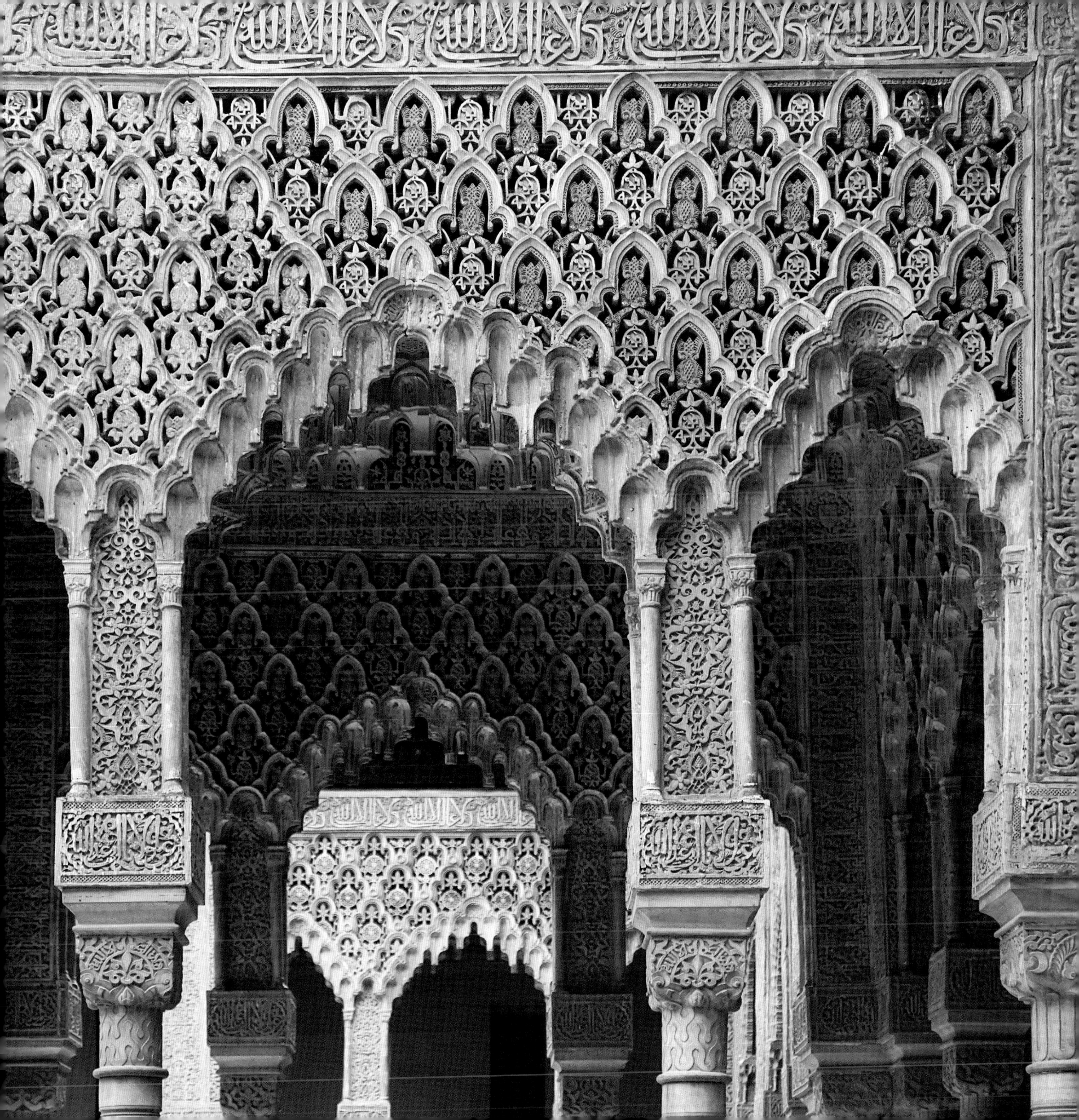

124根棕榈树般的柱子雕刻纤细的精美图案

124 palm trees like pillars carved slender exquisite designs

狮庭是一个经典的阿拉伯式庭院，由两条水渠将其分成四部分。水从石狮的口中泻出，经由这两条水渠流向围合中庭的四个走廊。走廊由124根棕榈树般的柱子架设，拱门及走廊顶棚上的拼花图案尺度适宜，且相当精美：拱门由石头雕刻而成，做工精细、考究，错综复杂，同样，走廊顶棚也表现出当时极其精湛的木工手艺。由于柱身较为纤细，常常在建筑受力的部位将四根立柱组合在一起，这样既满足了支撑结构的需求，又增添了庭院建筑的层次感，使空间更为丰富、细腻。人们在这样的环境中，很容易放松精神和转换个人心态。在狮庭，同样可以看到与中世纪修道院相似的回廊。它按照黄金分割比加以划分和组织，其全部的比例及尺度都相当经典。所以，这种水景体系既有制冷作用，又具有装饰性。

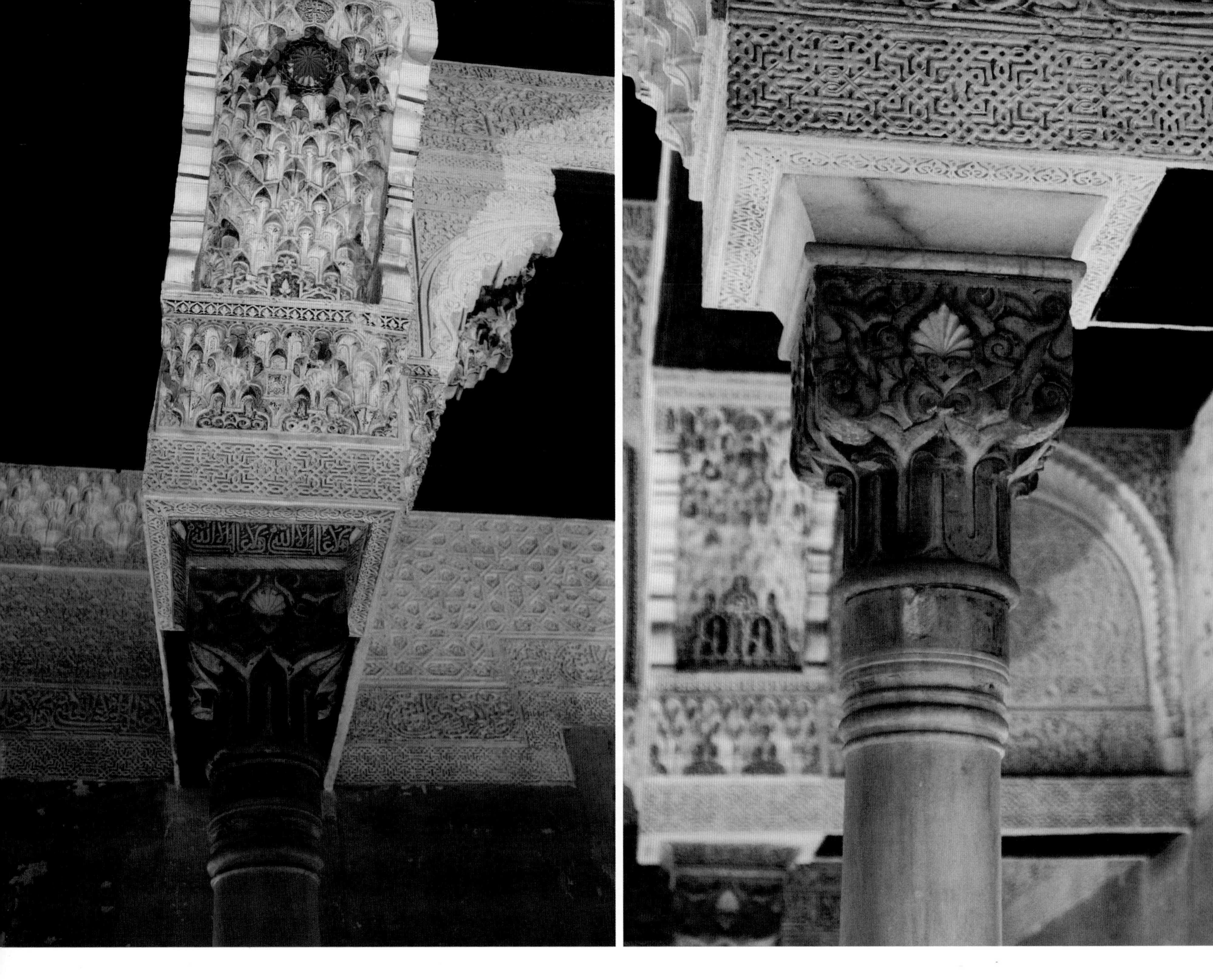

装饰之美

The beauty of decoration

可以看出，"装饰"在阿尔罕布拉宫具有显著的重要性。在西班牙伊斯兰古典建筑园林中，最有意义的装饰元素和主要部位包括：铺砌釉面砖的壁脚板、墙身、横饰带，覆有装饰性植物主题图案的系列拱门，以及用弓形、钟乳石等修饰的顶棚等。在这些装饰性元素的作用下，中庭回廊的外观显得豪华而耀眼，彰显尊贵典雅的贵族气质，形成了艺术风格独特的空间艺术。

尽管珍珠岩雕刻下部已损坏，但并不影响它伟大的艺术魅力和欣赏价值。

大使厅以其雕刻有星状彩色天花板和拱形彩窗而著称。

钟乳石

stalactite

钟乳石，又称石钟乳，是指碳酸盐岩地区洞穴内在漫长地质历史中和特定地质条件下形成的石钟乳、石笋、石柱等不同形态碳酸钙沉淀物的总称，它的形成往往需要上万年或几十万年时间。由于形成时间漫长，钟乳石对远古地质考察有着重要的研究价值。在石灰岩里面，含有二氧化碳的水，渗入石灰岩隙缝中，会溶解其中的碳酸钙。溶解了碳酸钙的水，从洞顶上滴下来时，由于水分蒸发，二氧化碳逸出，使被溶解的钙质又变成固体(称为固化)。由上而下逐渐增长而成，称为“钟乳石”。在大自然里，许多石灰岩地带（主要成分是石灰石），就是由于这个原因而形成了奇峰异洞，生长了钟乳石、石笋等。之所以介绍这种石头，是因为在这座宫殿中大量应用了这种钟乳石进行雕刻，也称之为钟乳石雕刻。

精雕细琢

stalactite

有着象牙雕刻质感一样的珍珠钟乳石雕刻的拱门造型图案精致细腻，每个小局部都可以成为完整的工艺杰作。

仔细欣赏会发现每一个功能区都有不同类型的图案点缀，尽管图纹密集，但在视觉上并没有杂乱无章的感觉，而是清雅细致，变化有序，精美绝伦。

珍珠岩（钟乳石）装饰雕刻的顶棚细部，一丝不苟。各种植物为原型的图案用横竖线条分割，形成非常有装饰效果的独立区位。

门拱的垂直面和垭口之间的交接处用了巧妙的浮雕叠加技巧。

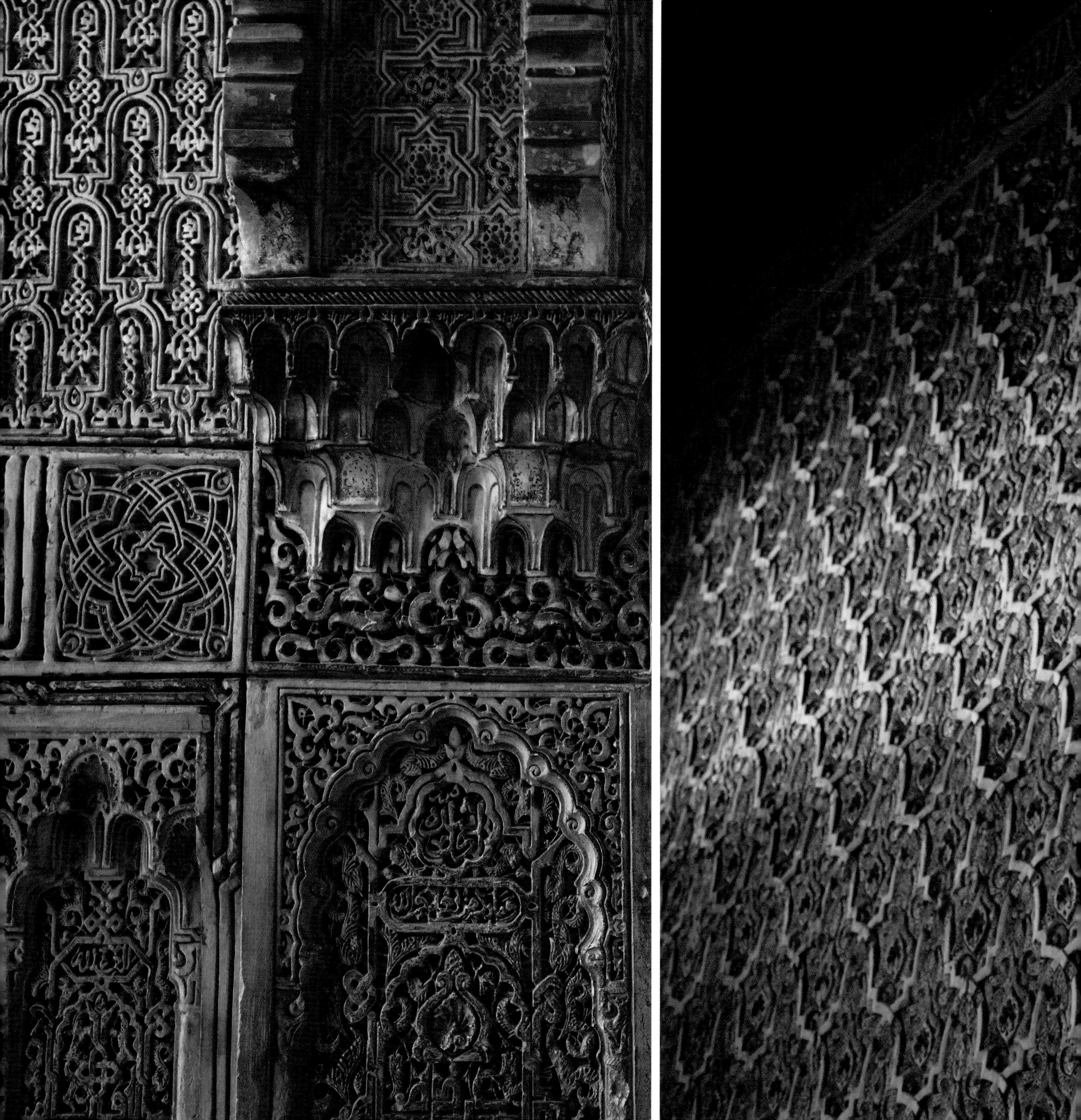

AÑO
·1·6·1·7·

教堂圣坛装饰屏风

The altar decoration screen

阿尔汉布拉宫教堂是近现代修复而成的，其主座堂的圣坛装饰屏风沿用了当年的古迹，而建筑和教堂内的装饰却为后来修建而成，风格上也稍显简单和粗略，和阿尔汉布拉宫相比似乎不在同一个水平上。但有着罗马式风格的圣坛装饰屏风则是不折不扣的文化真迹。

Valencia Cathedral

瓦伦西亚大教堂

类别 / 教堂建筑　年代 / 1262～1426年　原属 / 西班牙

瓦伦西亚大教堂位于瓦伦西亚市中心，坐落于罗马时期的第一座神庙以及后来的阿拉伯清真寺的旧址上。它从1262年开始建造，至1426年结束，经历了长达164年的建造历史，后来又经过扩建和修葺，在原先主要的哥特风格上又增添了其他的建筑风格。传说中耶稣在最后的晚餐中用过的圣杯即保存在这里。教堂的核心是至今尚未完成的15世纪八角钟楼，被称为米格雷特钟楼，成为瓦伦西亚的标志性建筑。瓦伦西亚是西班牙第三大城市，因其优越的地理位置被誉为“地中海的明珠”，历史上曾作为地中海帝国财政首都而极度辉煌。同时她又是一个活力四射的城市，富饶明快，充满了现代化的气息。

教堂中的光线变化形成了一种静穆庄严神圣的气氛，让人感觉到了从未有过的平静和安逸。

位于大教堂内的小教堂是典型的哥特式建筑，同主座堂大厅的建筑风格截然不同。

穹顶

Dome

由于建造历史久远，在教堂中可以看到两种完全不同的天顶造型出现在同一建筑空间中，这或许就是不和谐中的最和谐之处，它们统统都是伟大艺术作品的见证。

教堂空间艺术
The art of church space

教堂中的巴洛克式、哥特式、罗马式三种建筑装饰风格并存于同一组建筑中，它们是怎样得到和谐处理的呢？建筑师在每一个风格空间的交接处都作了巧妙的设计，使其具有视觉的独立性。通过柱体的不同角度视觉变化将空间有效地连接起来，从而使整个教堂有一种整体感。主座圣坛除了华丽的背景装饰，更加引人关注的是它的顶棚装饰，它不但是艺术杰作，更有不同凡响的、掩盖了300年之久的惊人故事。

这是掩藏了300年的
文艺复兴杰作。

教堂穹顶壁画艺术

Church dome mural art

瓦伦西亚教堂内，一个艺术保护研究小组被一阵来自天花板里的鸽子扇动翅膀的扑腾声所吸引。他们寻声而至，惊喜地发现了一幅隐藏在教堂天花板后的文艺复兴时期壁画。壁画上绘制了一位带翼的天使，根据现场小组成员的判断，这幅文艺复兴时期的壁画至少被教堂的天花板伪装掩盖了300年以上。

该小组在这所巴洛克圆顶教堂内从事灰漆的翻新保护，并防止鸟类在教堂建筑的各种圆洞飞进飞出。保护人员本来期望能在教堂中发现在数百年的教堂记录中提及的一些文艺复兴时期艺术品，同时他们担心经过这么久远的岁月，能找到的艺术品很可能也已被毁坏。随着几声鸽子的咕咕鸣叫，奇迹终于出现，呈现在人们眼前的竟然是这些保存完好的美丽天使的惊世之作。作品由意大利画家弗朗西斯科·帕格诺和保罗·李卡迪奥于1481年完成。这幅直径长达8米左右的壁画是天才之作，也是瓦伦西亚教堂中的稀世珍宝。

我用数字相机拍摄下了眼前这幅被掩盖了长达300年之久的文艺复兴时期的伟大巨作，庆幸自己能目睹她的真容。

教堂彩绘玻璃

Church stained glass

12世纪，彩色玻璃的颜色已有21种之多，丰富的彩色玻璃制作工艺使教堂可以大量采用其作为教堂建筑主要的花窗材料，五颜六色的彩色图案在太阳光的照射下耀眼夺目，成为建筑中对其主题诠释渲染的重要手段和工具。

在瓦伦西亚教堂中也有大量的彩绘玻璃窗作品，但相比其他教堂似乎并没有太突出的地方。

Granada Cathedral
格拉纳达天主大教堂

类别 / 教堂建筑　年代 / 1523～1704年　原属 / 西班牙

格拉纳达天主教堂是在原清真寺的基础上兴建而成，从1523年开始兴建到1704年竣工完成，历经181年的漫长岁月。这是一座文艺复兴式的建筑，外形敦厚饱满，造型严谨大气。教堂由三部分组成，中央礼拜堂的巨大圆顶以及顶部的彩绘雕刻装饰，是建筑中经典之作。

在天主教的教堂中，这座教堂保存较为完整，这可能与其全天然石材打造有关。这座教堂较好地应用了文艺复兴的艺术品创作理念，雕刻、绘画都无一例外。

文艺复兴式建筑外观

Renaissance-style building appearance

对称性的造型和雕刻门拱是古典建筑中较为常用的手法。雄厚的建筑外观和精细的局部装饰多层次变化彰显了文艺术复兴式建筑的独特风格。

FIDES
IVSTICIA

柱饰艺术

Column decorative arts

文艺复兴式建筑沿用了哥特式建筑中常用的拱顶和柱头的分组设计的手法，建筑的细部精致而富有节奏变化，产生了丰富的观赏效果和装饰实效。

古典建筑装饰艺术中的图案和纹理雕刻有很细致入微的分工设计，仔细欣赏方可知其奥妙所在。

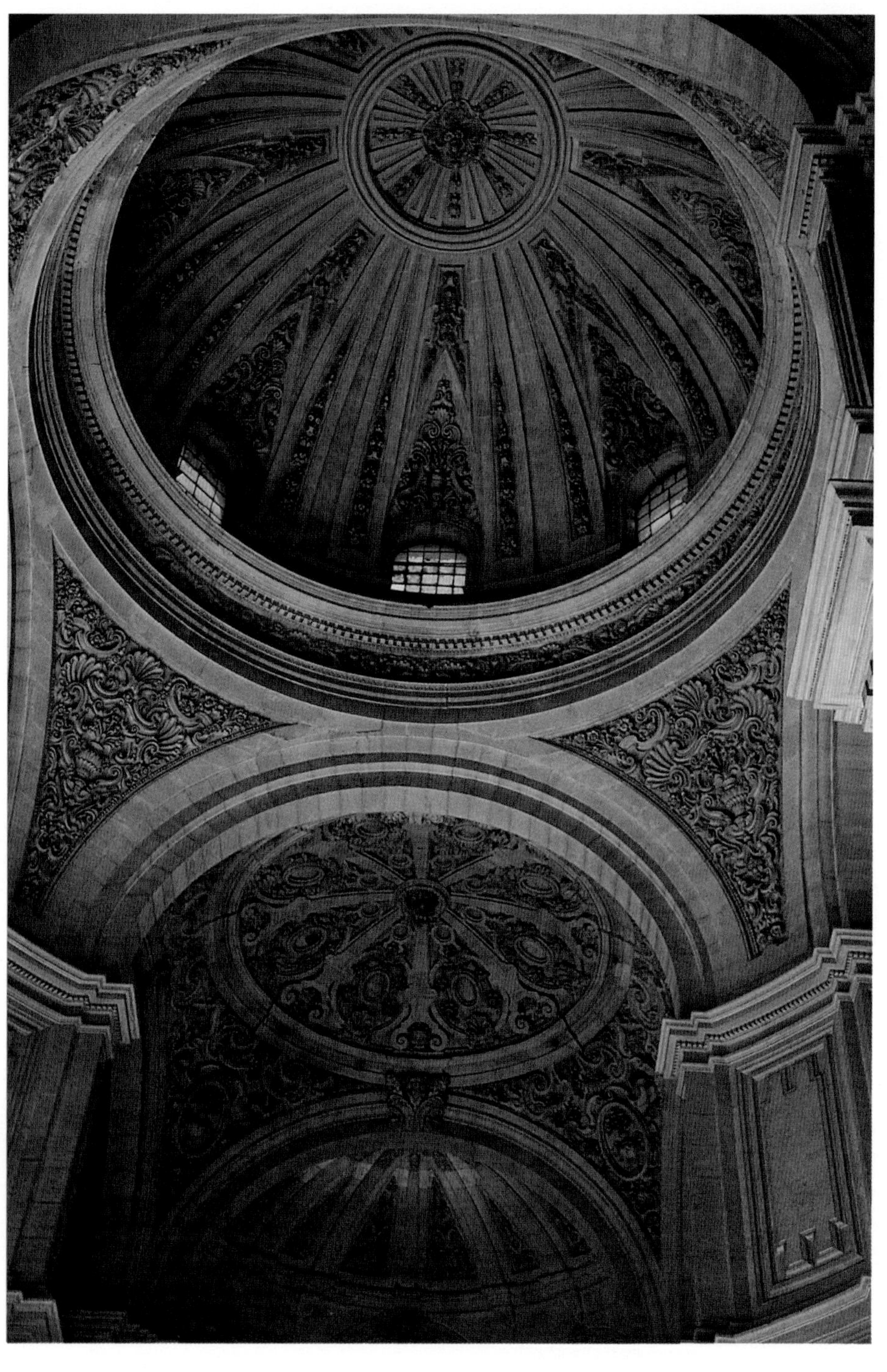

教堂内部对称艺术之美

Beauty of symmetrical art Inside the church

教堂的穹顶运用了文艺复兴建筑中常用的“对称”手法，使建筑空间圆宏饱满，从每个角度看都完整和谐，但艺术上显得呆板僵化，图案刻板程式化，缺乏灵性和自然的气息，这或许也是文艺术复兴式建筑的特性所在，也从而形成了它特有的一种艺术风格和气质。

壁画为戈雅所绘，如今广场上仍然有戈雅的雕像）。传说公元40年，圣母玛利亚在此向圣地亚哥显圣，并交给他一根柱子（Pilar），要他以此建造一座教堂，即皮拉圣母大教堂。

每年10月上旬会在这里举办盛大的祭典活动，具有浓厚地方传统民族风格的舞蹈表演和斗牛表演等活动在这里上演，是西班牙著名的一大盛事。

大教堂最初为哥特式建筑风格的教堂建筑，在后来增建、翻修和装饰过程中局部加入了银匠式、巴洛克式等艺术式样。14世纪中叶教堂建造完成，中央祭坛的装饰屏风为15世纪作品，风格更加彰显贵族宫廷气质。 皮拉广场周围有几处遗存的建筑，其中阿尔哈菲利王宫（Palacio de la Aljaferia）就是11世纪兴建的伊斯兰教王宫，12世纪阿拉贡王国定都于萨拉戈萨后，这儿成为基督教国王的宫廷。如今在这座建筑中仍然可以见到独特的伊斯兰教建筑特色的元素出现，如拱门、小型清真寺、墙壁上朝向麦加方向开的洞等。后来增建的部分则是华丽的西哥特式建筑风格。斯达塔（Torreon de la Zuda）是10世纪时的城墙塔楼，曾作为摩尔总督的官邸。在后来的翻修中，混合了穆哈德尔与西哥特风格，至今建筑中仍然留存有中世纪初多种建筑风格并存的痕迹。

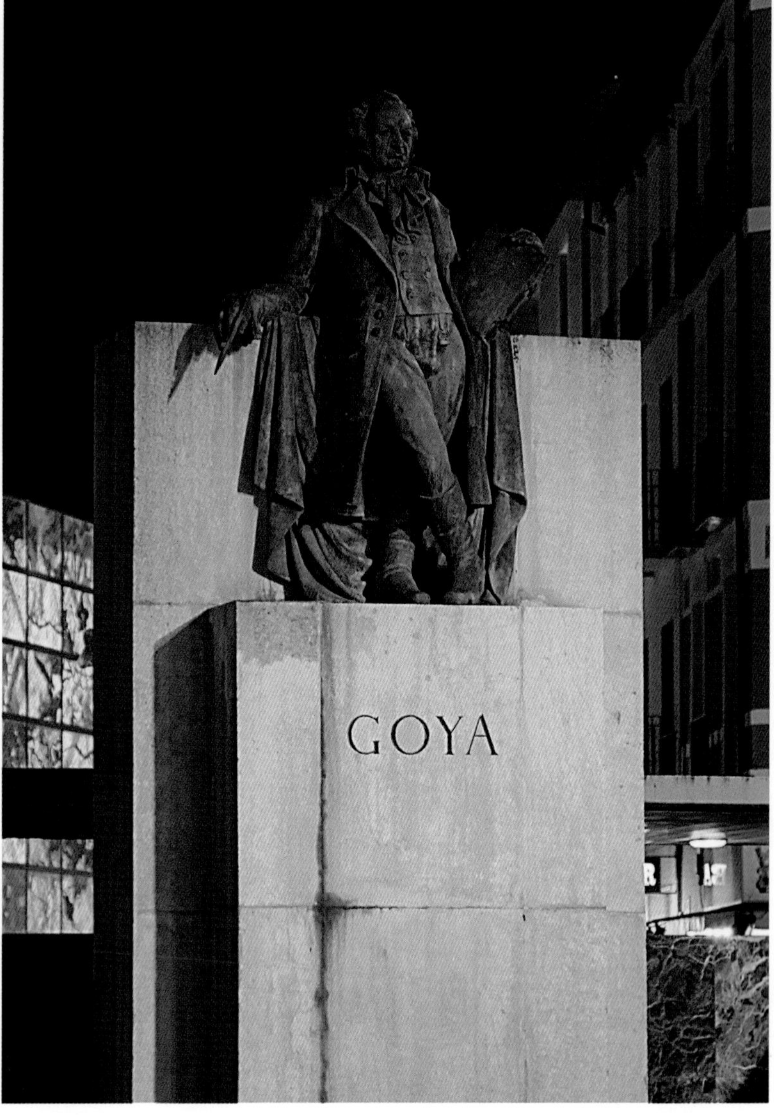

皮拉广场

Plaza del Pilar

位于萨拉戈萨市区中心，广场以周围有著名的皮拉圣母大教堂而闻名于世。传说公元40年，圣母玛利亚在此向圣地亚哥显圣，并交给他一根柱子，要他以此建一座教堂，即皮拉圣母大教堂。这里也是戈雅的故乡，因此广场中有戈雅的雕像。

尖塔建筑

Minaret Building

皮拉圣母大教堂有着11个圆顶和4座高塔，极为巍峨壮观，位于皮拉广场的两侧，最初为哥特式的教堂建筑，在建造过程中加入了银匠式和巴洛克式等式样，14世纪教堂建造完成，成为摩尔人和基督教徒曾经的聚集地，如今这里已是西班牙著名的宗教文化圣地，保存了大量戈雅的艺术绘画作品。

银匠式

Pcateresque

来自西班牙语的platero，原意为“银匠”，后指精巧的工艺风格，银匠式建筑风格盛行于1520年前后，代表了西班牙建筑独有的特色，它结合了哥特式建筑和文艺复兴建筑的特点。在这座教堂中我们就可以看到“银匠式”建筑的独特魅力。

巴洛克式

Baroque

这种艺术产生于16世纪下半叶的意大利，盛行于17世纪，它注重内部装饰，华美的曲线、夸张的纹样、丰富多样的穹顶造型都是巴洛克艺术常用的形式，其代表人物是意大利雕刻家贝尼尼。通过浮夸的装饰可以看出宗教统治者好大喜功、唯我独尊的专权政治作风。

文艺复兴式建筑内庭

Renaissance style building atrium

这座外观具有哥特式建筑风格的教堂内部却有着强烈的巴洛克装饰风格，而且局部又加入了银匠式的艺术元素和式样，辉煌的穹顶湿壁画由戈雅亲手绘制，是17世纪杰出的建筑装饰典范。
中央祭坛的装饰屏风为15世纪的作品，装饰细部凸显出巴洛克艺术风格。从人物的神态上可以看出文艺复兴的超现实主义痕迹，它透出一种静穆庄严的神秘色彩，装饰风格华丽夸张。

金属铸造工艺在中世纪的教堂中已能看到，而且工艺水平很高，极具装饰性。

主座圣坛装饰屏风保留了原来哥特式的华丽原貌，精美的雕刻全部由金铂镶嵌而成。

6米高的教堂大门是由名贵木材雕刻而成，其装饰风格依然有摩尔人的艺术气息，将图案重叠排列形成一种特有的装饰手段和艺术形式。

圣母祭坛装饰艺术

Decoration art of the Virgin of the altar

教堂中的圣母送子雕像屏风采用绘画和镂空雕刻相结合的形式，每一幅绘画都表现了一个圣经故事，前面的圣母雕像背带金属光环，将圣人的恩赐和关怀用写实和象征的手法表现出来，装饰性和艺术性都得到了有效表达。

宗教建筑与雕刻艺术

Sculpture art in religious architecture

我们所说的中世纪通常是指公元476年西罗马帝国灭亡至意大利文艺复兴之前的这一段时间，这个时期宗教建筑散发出了非常强盛的创造力，各种宗教建筑内容丰富，做工细致，有了象征主义（拜占庭艺术）建筑、罗马式艺术和哥特式、巴洛克式，各种艺术形式相继崛起。在这些门类繁多的建筑艺术中都缺少不了雕刻艺术，往往在一座教堂中就有浅浮雕、深浮雕、圆雕等几种雕刻风格同时存在，所以在研究宗教建筑时，雕刻艺术是直接关系教堂艺术高低的标准之一。它的存在直接影响着建筑的水准和等级。

Almudena Cathedral
阿尔穆德纳圣母主教堂

类别 / 教堂建筑　年代 / 18 ~ 19世纪　原属 / 西班牙

阿尔穆德纳圣母主教堂位于马德里皇宫的东侧，就是马德里的主教堂，1883年开始建，1944年因为内战停工，最后在1994年完工。教堂的风格是新哥特风格和新古典风格的混合体。由于历史的原因，马德里一直没有主教堂，西班牙的主教是在托莱多，托莱多的教会拒绝在马德里设立一个主教区，以致于很长时间以来这里一直没有主教堂。一直到1868年，才得到了托莱多教会批准，可以设立一个主教区，由此兴建了这个主教堂。教堂主要供奉马德里的保佑圣母、堡垒圣母（Virgin de la Almudena）。2004年，西班牙王储曾在这里大婚。

MARIA

较为典型的新哥特式教堂内装，穹顶的装饰绘画色彩靓丽。

N S DE LA VIDA MISTICA
SANTA MARÍA MICAELA
SANTA MARÍA DE LA MERCED

渐渐荒废，直到1561年，菲利浦二世把宫廷从托莱多迁到马德里，在这里建造了住所。1734年圣诞节前夜，这里发生了一场大火，老宫殿夷为平地，当时的国王菲利浦五世下令在同样的地点再造新宫，这次全部用防火的石材，大兴土木建造了26年，到1755年完成。我们今天看到的就是1738年开始新建的新宫。1764年，查理三世正式入住。如今这座皇宫建筑是世界上保存最完整而且最精美的宫殿之一。皇宫外观呈正方形结构，富丽堂皇。宫内藏有无数的金银器皿和绘画、瓷器、壁毯及其他皇室用品。现在，该皇宫已被辟为博物院向世人开放。现在的西班牙国王并不住在这里，而是住在马德里郊外较小的萨尔苏埃拉宫。不过，马德里王宫仍然用于国事活动。

皇宫广场

Palace Square

菲利浦二世是马德皇宫的第一位君主，他的青铜雕像被安放在宫廷广场的正中央，成为皇宫的标志性象征。马德里皇宫外观全部用花岗石雕刻砌成，宏伟壮观，广场上绿树成荫，历代君主的汉白玉雕像阵列于道路两旁，处处散发出皇家的威严气息，到了夜晚，这里灯火通明，皇宫外墙被灯光装扮得更加富丽堂皇，非常迷人。

巴洛克式建筑起源及建筑特征

The origin and features of baroque architecture

巴洛克艺术产生于16世纪下半期，17世纪达到盛期，18世纪，除北欧和中欧地区外，逐渐衰落。巴洛克艺术最早产生于意大利，罗马是当时教会势力的中心，而马德里作为西班牙的政权统治中心，也极力效仿这种模式，所以我们今天看到的皇宫内饰就是当时巴洛克艺术的杰作。巴洛克艺术虽不是宗教发明的，但它是为教会服务，被宗教统治者利用，教会和王室统治者是它最强有力的支柱。

巴洛克代表了17世纪的建筑风格。这种建筑的特点是重于内部的装饰，其整体多取曲线，试图以丰富多变的风格炫耀华丽富贵的王室地位。人们的视觉似乎被美丽夸张的纹样装饰形式吸引着。其代表人物是意大利雕刻家贝尼尼. 他最终完成了圣彼得大教堂。马得里皇宫也集中体现了巴洛克艺术风格，从一个侧面显示拥有雄厚财力的统治者好大喜功、唯我独尊的浮夸作风。

穹顶湿壁画

Dome fresco

湿壁画兴起于13世纪的意大利，后来传到欧洲各地，并盛行开来，在文艺复兴时期达到了顶峰。湿壁画原意是“新鲜壁画”的意思，这是一种非常耐久的壁饰绘画。湿壁画的技法是先在墙上抹上粗糙的灰泥，形成“粗灰”层，草图就描画在这层灰泥上，然后渗进墙壁里，再在上面覆盖一层“细灰”层，然后在上面重画一遍草图，画家就在这层湿潮未干的细灰层上作画，一气呵成，绘画和墙壁永久地融为一体。这就是湿壁画的魅力。

会见大厅

Meeting hall

会见大厅是教皇接待贵宾的大厅，亚绒面的暗红色墙壁配以黄金色古典门窗饰边花纹，极具装饰效果，大厅中央两侧摆放两个金銮宝座。两侧四个造型生动的金色雄狮极有威慑力。大厅中央悬挂的两盏白金钻石水晶吊灯价值不菲，是罕有的稀世之作。

富丽堂皇的帝王厅的顶棚极尽奢华，是巴洛克式和新古典主义的结合产物，克里斯蒂娜的住所就在它的后面。

CASTRA MOVET CAROLVS. SED DVM DEDVCITVR AGMEN INCVBVIT NOSTRIS DENSA CALIGINE CAECIS
HOSTIS IN EXTREMOS RVIT ATQVE MORATVR

皇家军械库博物馆中珍藏了13世纪以前王室成员的一些盔甲，它们都是经过长时间的修复后才完整地展现于世人面前，从一个侧面见证了冷兵器时代“日不落帝国”的煌辉。

皇宫博物馆

Imperial palace museum

皇宫博物馆中珍藏了许多宗教题材的绘画，非常精美，是中世纪前后的艺术巅峰之作。这幅画像就是教皇的奢华画像，用手工针织的手法制作大幅的写实场景和人物织毯壁，挂在西班牙的皇宫，艺术手法和编织工艺非常高超，可以和写实绘画媲美，也反映了当时西班牙的手工艺水平。

巴塞罗那大教堂是在公元初年一座大教堂的原址上修建，开始于古罗马人时期，但是最后在哥特人时期建成，因此哥特式风格是这座大教堂的主要风格。教堂里的殿堂几乎处于同一个高度，这就使人感觉处于单一空间。侧面的祭坛上面都有一扇玻璃窗，这给祭坛整体增加了光亮和宽敞的感觉。教堂圆顶被一层木镶嵌天花板包在里面。主外墙是相对较新的建筑（完成于19世纪末、20世纪初），尽管设计完成于1408年。巴塞罗那大教堂的主体建于13～15世纪，教堂的正立面直到19世纪末才在一位银行家的资助下建成，因此教堂的各部分呈现出不同的建筑风格。教堂主体以哥特式风格为主，细长的线条和高耸的飞券是主要特色，圆顶和内部结构则显示出新哥特风格特征。

大教堂回廊的各个祈祷室中供奉着各个手工业行会的保护神。圣埃乌拉利娅礼拜堂中唱诗班的座椅、宗教壁画、雕塑和各式各样的金银器具华美夺目。此外埃乌拉利娅圣女墓穴（她被作为“巴塞罗那保护女神”崇拜）和莱潘多基督祈祷室都是这座教堂的重中之重。

哥特式建筑

Gothic architectural style

哥特这个特定的词汇原先是指西欧的日耳曼部族，但在古典建筑中特指中世纪前后期盛行的一种建筑艺术形式，它由罗曼式发展而来，后由文艺复兴建筑所继承。哥特式建筑在当代普遍被认为是“法国式”，它的主要特点是尖形的拱门、飞腾的悬壁、肋状拱顶与飞拱，整体风格高耸、神秘、崇高、哀婉，在建筑史上占有重要的地位。哥特式建筑外观风格就是高耸入云的尖顶及巨大斑斓的窗户玻璃，体现在建筑内部，也是高耸升腾的空间。隆起的高高肋状拱顶让空间有着无限上升的感觉，细长的彩绘玻璃窗使教堂内部气氛温暖，柱子细瘦修长，极大地满足了空间需求。

圣厅

The holy hall

圣祭坛的装饰在每一座教堂中都是最隆重的，无论选用怎样华丽的辞藻来描述形容都不过分。但用心观察会发现语言并不足以展现其艺术成就，我们只能从视觉上粗浅地给予解释，清晰的图像是最有说服力的，还是让我们仔细地观察里面细致入微的变化，品尝个中三昧吧！

教堂内部许多玻璃窗都已损坏，室内多数部位年久失修，墙壁和柱子上青苔斑驳，但每一个圣祭坛的背景都保存完好，雕刻和彩绘镏金完整绚丽，都是难得的艺术珍品。

XI

哥特式建筑装饰技巧

Gothic decorative techniques

15世纪以后，欧洲教堂建筑的石作技巧和绘画工艺达到了高峰。石雕窗棂刀法纯熟，精致华美。有时两层图案不同的石刻花纹重叠在一起，玲珑剔透。建筑内部的装饰小品，也不乏精美的杰作。哥特建筑时期的世俗建筑多用砖石建造。双坡屋顶很陡，内有阁楼，甚至是多层阁楼，屋面和山墙上开着一层层窗户，墙上常挑出轻巧的木窗、阳台或壁龛，外观很富特色。壁龛拱券和半圆券并用，飞扶壁极为少见，雕刻和装饰则有明显的罗马古典风格。主教堂使用了肋架券，但只是在拱顶上才略呈尖形，其他仍是半圆形。总体构图是屏幕式山墙的发展，中间高，两边低，有三个山尖形。外部虽然用了许多哥特式小尖塔和壁墩作为装饰，但平墙面上的大圆窗和连续券廊，仍然是意大利教堂的固有风格。

意大利最著名的哥特式教堂是米兰大教堂，它是欧洲中世纪最大的教堂之一，14世纪80年代动工，直至19世纪初才最后完成。教堂内部由四排巨柱隔开，宽达49米。中厅高约45米，而在横翼与中厅交叉处，更拔高至65米多，上面是一个八角形采光亭。中厅高出侧厅很少，侧高窗很小。内部比较幽暗，建筑的外部全由光彩夺目的白大理石筑成。高高的花窗、直立的扶壁以及135座尖塔，都表现出向上的动势，塔顶上的雕像仿佛正要飞升。西边正面是意大利人字山墙，也装饰着很多哥特式尖券尖塔。但它的门窗已经带有文艺复兴晚期的风格。

另外，在这一时期，意大利城市的世俗建筑成就很高，特别是在许多富有的城市里，建造了许多有名的市政建筑和府邸。市政厅一般位于城市的中心广场，粗石墙面，严肃厚重；多配有瘦高的钟塔，建筑构图丰富，成为广场的标志。城市里一般都建有许多高塔，总体轮廓线很美。威尼斯的世俗建筑有许多杰作。圣马可广场上的总督宫被公认为中世纪世俗建筑中最美丽的作品之一。立面采用连续的哥特式尖券和火焰纹式券廊，构图别致，色彩明快。威尼斯还有很多带有哥特式柱廊的府邸，临水而立，非常优雅。

巴塞罗那大教堂是一个典型的哥特式建筑，这座建于13～19世纪的哥特式教堂虽然规模上称不上最大的教堂，但它完美的艺术气质和久远的建造历史让它成为西班牙的哥特式建筑之最和城市地标。

教堂内饰

Church interior

这座哥特式教堂中珍藏着许多宗教绘画、雕塑作品及各式各样的金银器具，华美夺目。教堂中的彩色玻璃更是难能可贵的艺术精品，经过几百年的岁月变迁，色彩依旧。

古尔公园建在巴塞罗那市一处可以俯瞰城市与大海的山丘上，面积15公顷。1900年开始建造，14年后建成。公园由西班牙天才设计师高迪设计，凭其独特的设计手法闻名于世。

1878年，高迪遇到了巴塞罗那的工业巨子古尔（Guell），从而为他开始了长达20年的设计，作品均以古尔名字命名，如古尔亭、宫、小屋、居住区等，其中最有名的是古尔公园（Gurll Park）。高迪模仿希腊的Delfos进行设计，公园充满了童趣与超现实主义风格。最有特色的是反复用动物、植物、岩石、洞穴等主题造型图案表现出的类似自然的视觉效果。在大厅的平屋顶上，信手拈来的处理方式令人叫绝：一圈波浪形的女儿墙非常自如地将沿屋顶的外围作了界定，女儿墙设计成坐凳，游客可以舒服地坐着赏景，而坐凳本身贴满了色彩斑斓如同装饰画的陶瓷碎片;更有意思的是屋面排水处理竟与我国故宫须弥座排水方式异曲同工：水从屋顶流入支撑屋面的石柱，然后从石柱上镶嵌的石兽口中如喷泉般喷出，一个平平的屋顶处理成集观景、休憩、装饰等功能于一体的艺术品。高迪设计公园是有经验的，年轻时就参加过巴塞罗那最大的综合性公园Ciutadella的水景设计：这座公园是1888年作为万国博览会的会场，占地31公顷；公园的中央有一座雕刻精致的喷水池，布置有许多古希腊、古罗马神像，如海神、爱神、美神等，配以七个层次的喷泉与瀑布，美轮美奂，犹如仙境。

TAXI

P
CARRER
D'OLOT

Hospital de la Santa Creu I Sant Pau

圣克鲁斯保罗医院

类别 / 医院建筑　年代 / 1901～1930年　原属 / 西班牙

圣克鲁斯保罗医院也称圣保罗医院，它位于西班牙巴塞罗那市区较为幽静山坡洼地上，兴建于1901～1930年，由加泰罗尼亚现代主义建筑大师路易·多蒙尼克·蒙塔内尔（Lluís Domènech i Montaner）父子设计。当时巴塞罗那处于动荡之中，因此修建大而好的医院迫在眉睫，建筑大师多蒙尼克（Dom echi Montaner）不负重望，设计并修建了圣保罗医院。

圣保罗医院建筑群是一个风格颇具特色的建筑群，占地10万平方米，且远离闹市独辟幽境。其建筑魅力所在是整个建筑群的建筑材料及装饰材料独具匠心，橘红色的外墙陶瓷砖巧妙而完美地同雕刻艺术和彩色马赛克融合。医院的主楼像一座哥特式教堂，建有高高的塔楼，颇具拯救众生的意味。1997年被联合国教科文组织列入世界文化遗产名录。

这座规模宏大的医院由彩色马赛克装饰的小楼组成，48座病房在地下互相连接，建筑间点缀着花园和绿地，为病人创造了优雅的疗养环境。入口建筑的顶部有一座尖塔，登上塔顶，整座医院可以尽收眼底。建筑和庭院中以历史题材的马赛克拼图和保罗·加尔加略的雕塑作品装饰，内部的楼梯和天花板装饰具有伊斯兰艺术风格。

医院后面有艺术学校（Escola Massana）和加泰罗尼亚图书馆（Biblioteca de Catalunya），在建筑风格上完全一致。

门拱、门楣设计风格独特，加入菱形几何体和流线性等造型手法，圆宏敦厚，体量感很强。

如同“皇宫”般的门厅设计使人很难想象这里是一所医院，顶棚及柱饰花纹有着浓重的伊斯兰风格。

NOU
HOSPITAL

1910

Colom : de : la : Iglesia : de : Barcelona : funda : l'hospital : predecesov
a : manteniment : y : la : Santedat : del : Papa : Honori : III : el
aix : la : proteccio : de : la : Seu : Apostolica

A : xiii : d'Abril : del : any : del : Senyor : Mccccl : l'Infant : d'Arago : En : Jaume : Comte : de
Prades : a : nom : del : Senyor : Rey : de : Sicilia : En : Marti : fill : del : Senyor : Rey : d'Arago
del : mateix : nom : va : posar : una : de : les : primeres : pedras : del : II : hospital : de : la : Santa : Creu

Mcxxxi: el: Comte: de: Barce
l: hospital: de: la: Santa: C
A: xvii: d'Abril: del: any: del: Senyor: Mcccci: el: Senyor: Rey: d'Arago: y
Comte: de: Barcelona: En: Marti: va: posar: la: primera: pedra: del: II: hospital
de: la: Santa Creu
A: xvii: d'Abril: del: any: del: Senyor: Mcccci: la: Senyora: Reyna: Dona: Maria: de
Luna: esposa: del: Rey: En: Marti: va: posar: una: de: les: primeres: pedras: del: II
hospital: de: la: Santa: Creu

Sagrada Familia
圣家族教堂

类别 / 教堂建筑　年代 / 18世纪　原属 / 西班牙

圣家族大教堂是西班牙建筑大师安东尼奥·高迪的代表作。它位于西班牙加泰罗尼亚地区的巴塞罗那市区中心，也是西班牙名城巴塞罗那的象征。远远望去，它高耸入云，犹如路标直指云天。

高迪1852年出生，16岁时到巴塞罗那学习建筑，31岁开始负责圣家族教堂的设计和施工。高迪逝世后，人们为了纪念这位伟大的建筑师，把他的灵柩安放在圣家族教堂内。

圣家族教堂始建于1883年，目前仍在在修建中，所以有着“永远盖不完的教堂”的称号。尽管这是一座未完工的建筑，但丝毫无损于它成为世界上最著名的景点之一。 教堂主体以哥特式风格为主，细长的线条是主要特色，圆顶和内部结构则显示出新哥特风格。

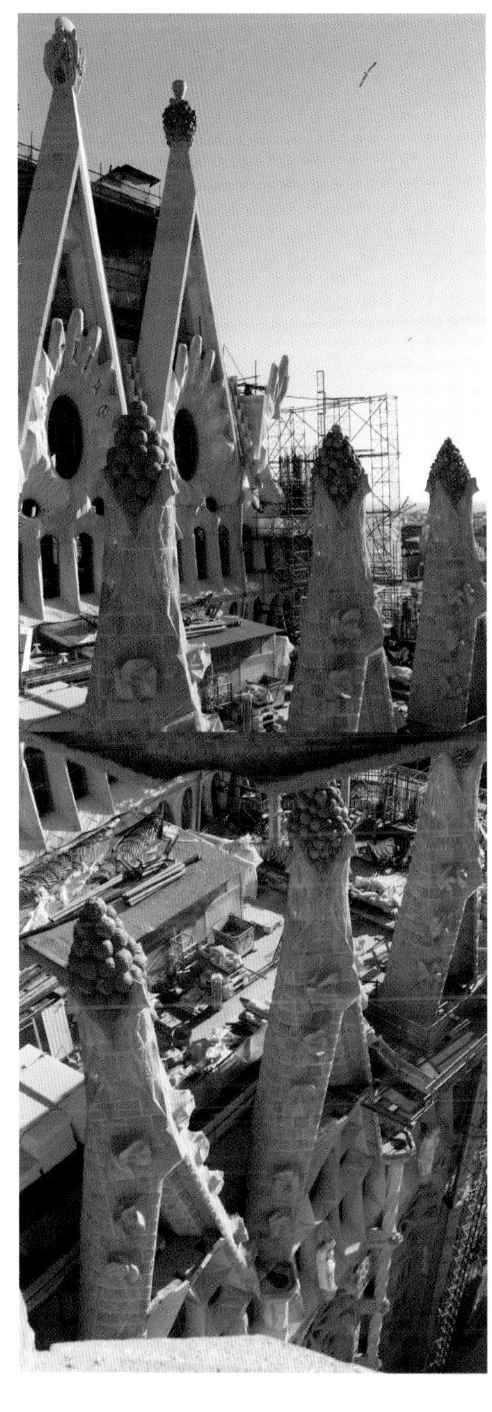

高迪建筑的三扇门中的圣诞门是最具代表性。门和墙凹凸不平，分布着表现耶稣诞生的雕塑，建筑难度极高。墙上的人物造型庞大，表情肃穆，给人一种沉重的压迫感，甚至令人感到恐怖，难怪当初人们将这组建筑称为“石头的噩梦”。右图为乖张的外立面造型；上图为外立面女儿墙上方的植物果实尖顶造型。

主塔的设计非常有趣，如同能呼吸的动物的鳞片，每一个窗都有一定的角度，太阳光无论从哪个角度入射，都无法直接照进室内，有效地保证了室内恒温、通风的自然生态，这也是设计师的良苦用心所在。

入口大门的设计别具匠心，如同密电码一样的图腾，纹理如同上帝的“福音”。

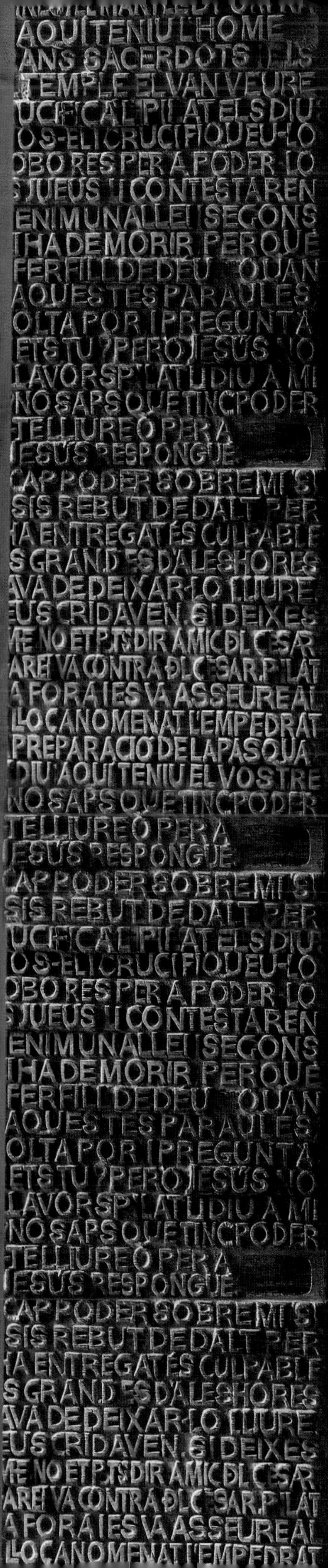

AQUÍ TENIU L'HOME
ANS SACERDOTS I ELS
L TEMPLE EL VAN VEURE
UCIFICA'L PILAT ELS DIU
OS-EL I CRUCIFIQUEU-LO
OBO RES PER A PODER-LO
S JUEUS I CONTESTAREN
EN I MUNA LLEI I SEGONS
HA DE MORIR PERQUÈ
FER FILL DE DÉU QUAN
AQUESTES PARAULES
OLTA POR I PREGUNTA
ETS TU? PERÒ JESÚS NO
LAVORS PILAT LI DIU A MI
NO SAPS QUE TINC PODER
T ELL I LLIURE O PER A
JESÚS RESPONGUÉ
CAP PODER SOBRE MI S
SIS REBUT DE DALT PER
HA ENTREGAT ÉS CULPABLE
S GRANDES D'ALESHORES
AVA DE DEIXAR-LO LLIURE
EUS CRIDAVEN SI DEIXES
ME NO ET PTS DIR AMIC DL CÉSAR
AREI VA CONTRA DL CÉSAR PILAT
A FORA I ES VA ASSEURE AL
LLOC ANOMENAT L'EMPEDRAT
PREPARACIÓ DE LA PASQUA
DIU AQUÍ TENIU EL VOSTRE
NO SAPS QUE TINC PODER
T ELL I LLIURE O PER A
JESÚS RESPONGUÉ
CAP PODER SOBRE MI S
SIS REBUT DE DALT PER
UCIFICA'L PILAT ELS DIU
OS-EL I CRUCIFIQUEU-LO
OBO RES PER A PODER-LO
S JUEUS I CONTESTAREN
EN I MUNA LLEI I SEGONS
HA DE MORIR PERQUÈ
FER FILL DE DÉU QUAN
AQUESTES PARAULES
OLTA POR I PREGUNTA
ETS TU? PERÒ JESÚS NO
LAVORS PILAT LI DIU A MI
NO SAPS QUE TINC PODER
T ELL I LLIURE O PER A
JESÚS RESPONGUÉ
CAP PODER SOBRE MI S
SIS REBUT DE DALT PER
HA ENTREGAT ÉS CULPABLE
S GRANDES D'ALESHORES
AVA DE DEIXAR-LO LLIURE
EUS CRIDAVEN SI DEIXES
ME NO ET PTS DIR AMIC DL CÉSAR
AREI VA CONTRA DL CÉSAR PILAT
A FORA I ES VA ASSEURE AL
LLOC ANOMENAT L'EMPEDRAT

PILAT

XLVI

A VEGADES ÉS NECESSARI I FORÇÓS
QUE UN HOME MORI PER UN POBLE,
PERÒ MAI NO HA DE MORIR TOT UN POBLE
PER UN HOME SOL:
RECORDA SEMPRE AIXÒ, SEPHARAD.
FES QUE SIGUIN SEGURS ELS PONTS DEL DIÀLEG
I MIRA DE COMPRENDRE I ESTIMAR
LES RAONS I LES PARLES DIVERSES DELS TEUS FILLS.
QUE LA PLUJA CAIGUI A POC A POC EN ELS SEMBRATS
I L'AIRE PASSI COM UNA ESTESA MÀ
SUAU I MOLT BENIGNA DAMUNT ELS AMPLES CAMPS.
QUE SEPHARAD VISQUI ETERNAMENT
EN L'ORDRE I EN LA PAU, EN EL TREBALL,
EN LA DIFÍCIL I MERESCUDA
LLIBERTAT.

SALVADOR ESPRIU. LA PELL DE BRAU

SUBIRACHS ESCULTOR

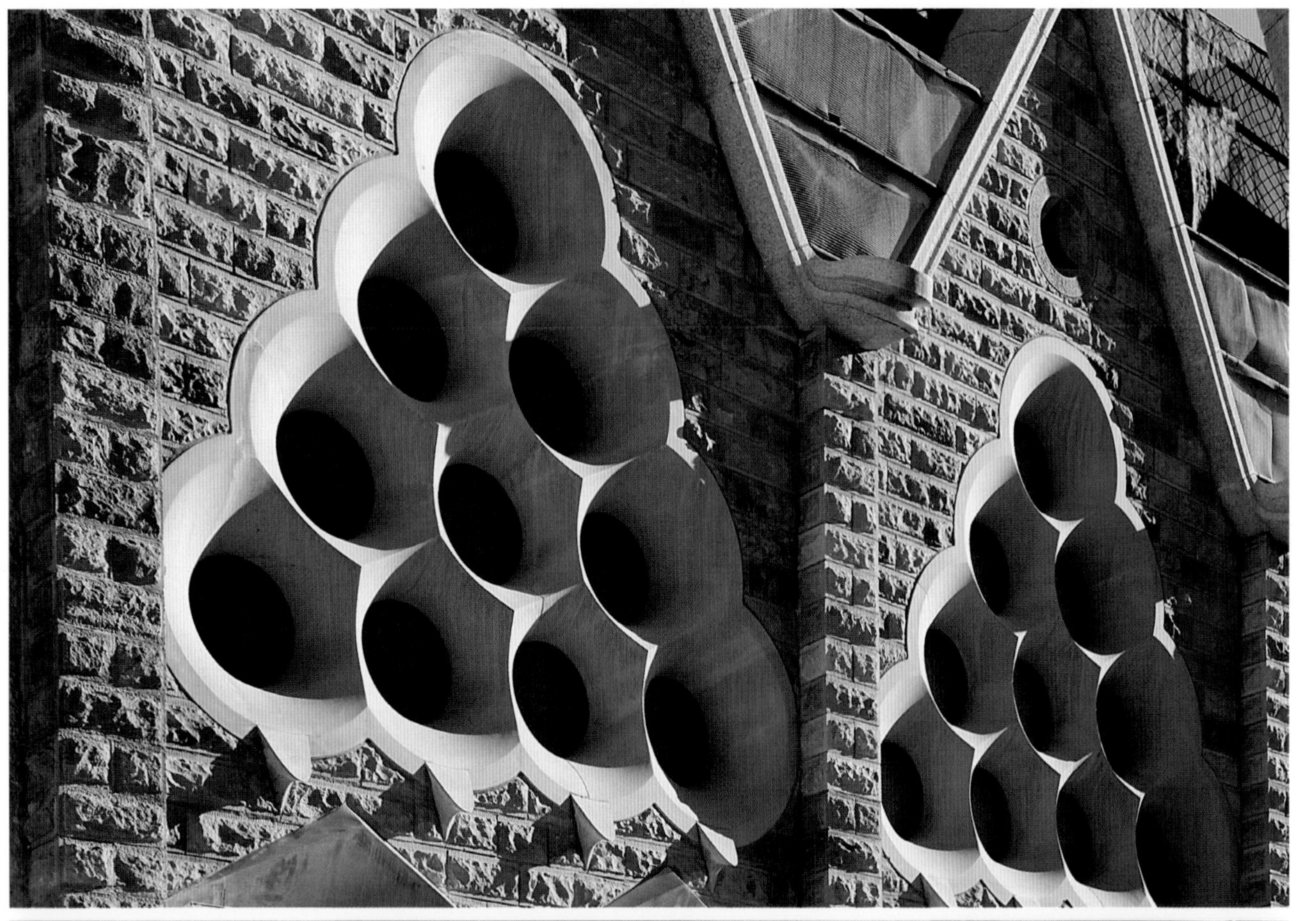

奇思妙想

Bizarre

柱子如同树干，建筑主体如同树冠，窗子如同果实，多美的构思！巧妙的处理，使每一个细部都有意想不到的神奇效果。

教堂内庭

The church atrium

教堂内部一眼望去如同一处广茂无际的原始森林，那斑驳淋漓的彩色光线流动穿透着整个建筑空间的每一处缝隙。彩窗的边缘用石头雕砌的软体棱角层层叠叠，形成一种风吹沙漠似的自然美感。在这里，建筑被以一种新的形式和语言诠释，不再是一成不变的格式化的东西，而是有了多种可能和选择……

概述 Outline

与英国的威斯敏斯特教堂相比，圣家族教堂的历史并不悠久，但建设时间更长。教堂1883年开始修建，至今已有近130年，仍未完工。教堂未能完工的原因是资金短缺。现在，该教堂的建筑费用大部分来自私人捐赠。教堂是著名的旅游景点，门票收入也是资金的来源之一。设计师高迪1926年不幸因车祸逝世，这也在一定程度上延误了教堂的建设进度。1936年西班牙爆发内战，教堂的设计图纸全部毁于战火。1952年，教堂重新启动建设。

圣家族教堂还要建多少年，人们都说不准，他们认为这是一项永恒的工程。现在，人们在教堂四周和内部随处可见吊车、脚手架等。教堂周围机器轰鸣，电焊声、电锯切割声声声入耳，游客仿佛置身一个乱哄哄的大工地。尽管如此，每年来自世界各地的游客仍然络绎不绝。人们除了观赏高迪的杰作，还要看看这一奇特教堂的建设过程。

由下而上，由内往外看去，蜂窝状采光窗在光线的作用下，明暗变化非常有层次，这是建筑师特别设计了如同百叶一样的45°角结构所产生的奇妙效果。

高塔内部 Tower internal

教堂的三面墙墙顶分别竖立4座尖塔，塔高100多米。每座塔中都有螺旋形楼梯，通向塔的顶端。在那里，人们可以领略巴塞罗那全城的风光。当初设计者雄心勃勃，要建造12座尖塔，以象征耶稣的12名弟子，但由于工程进度问题，至今只完成了4座。教堂中间的穹顶高170米，象征耶稣的荣誉。穹顶旁边耸立着数座钟塔，其中高125米的钟塔代表圣母玛利亚，其余的4座代表撰写四福音的4位圣者。

左上图为通往塔顶的步行螺旋楼梯，非常坚固，但空间非常狭窄，只够两人擦身而过。

上图是主塔的内空间部分，可能是为将来安装通往塔顶的电梯而特意预留的，也可能只为通风使用。椭圆形天井的四周为蜂窝状通风窗，透过窗口可以看到城市全貌。

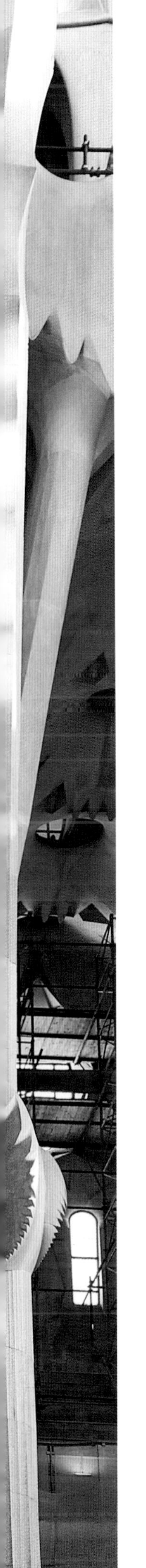

教堂的内空间仍然将哥特式教堂所主张的升腾感放在了首位，通过建筑传递出一种永恒的宗教主题。

“流动”建筑

Floating building

通过上图我们可以了解高迪在设计这座教堂时的良苦用心。他将整个建筑都统一在自己的设计理念里，自然界的每一个现象在这里都得到了表现和升华，侧窗的立面和顶棚经过用心雕琢，形成犹如大风吹过的自然痕迹，非常生动，感人至深。

这样的穹顶在教堂建筑中出现，是无法想象的一件事情，它是用颠覆性的手法和理念重新塑造传统建筑的结果。

大自然建筑

Nature building

高迪的建筑设计崇尚自然风格奇特，建筑物上常有动植物造型，如猫头鹰代表智慧，火鸡象征虚荣，海鸥意指援助，锚表示灵魂得到拯救等。他的风格在圣家族教堂的设计上也得到了体现。如教堂内高大的柱子设计成竹节状，节节向上，顶部呈竹叶状，竹竿上还雕塑各种动物，再配以五颜六色的马赛克装饰，造型十分逼真，宛如从墙上生长出来。所以圣家族教堂是一个仿生态建筑，是高迪智慧的结晶，我把它定义为“大自然建筑”。

Casa Mila

米拉之家

类别 / 私人宅邸　年代 / 1906 ~ 1912年　原属 / 西班牙

米拉之家建于1906 ~ 1912年间，是建筑大师高迪为当时的富豪米拉（Pere Milà）和富孀（Roser Seglmon）设计的婚房，米拉之家波浪形的外墙造型是由白色石材雕砌而成，扭曲回绕的铸铁栏杆和宽大的窗户，让每个欣赏的人有了无限想象的空间，有人觉得像非洲原住民在陡峭山崖上的洞穴，有人觉得象海浪，有人觉得象蜂窝组织，有人觉得象流动的熔岩，有人觉得象蛇穴，有人觉得象寄生虫的巢穴等等，这些都是建筑师留给人们的奇妙想象……

在这里，建筑师的自然主义理念得到了充分的展现……

CAIXA CATALUNYA

高迪
Gaudi

安东尼奥·高迪（Antonio Gaudi，1852年6月25日~1926年6月10日），西班牙“加泰隆现代主义”（Catalan Modernisme，属于新艺术运动，与20世纪初的现代主义并不相同）建筑家，为新艺术运动的代表性人物之一。安东尼奥·高迪以独特的建筑艺术称荣，巴塞罗那城几乎所有最具盛名的建筑物都出自他一人之手，被称作巴塞罗那建筑史上最前卫、最疯狂的建筑艺术家。

高迪出生在西班牙加泰罗尼亚瑞乌斯（Reus）一个铜匠的家庭里，他从父亲那里学习了装饰技术。1878年，高迪在巴塞罗那Ecuel高等建筑学院学习建筑。19世纪末正是文艺复兴的高潮时期，而巴塞罗那正是西班牙文艺复兴运动的中心。当时，经济的繁荣使人口激增了4倍。加泰罗尼亚民族主义热情高涨，希望重振昔日辉煌，并为此大兴土木。这个城市给这个年轻的设计师提供了一个宽广的舞台，正是在这股崇尚艺术的热潮中，高迪完成了其职业生涯中的18件空前绝后的杰作，奠定了巴塞罗那的基本景观风貌。可以这么说，是高迪选择了巴塞罗那，而这个城市也历史性地选择了高迪。

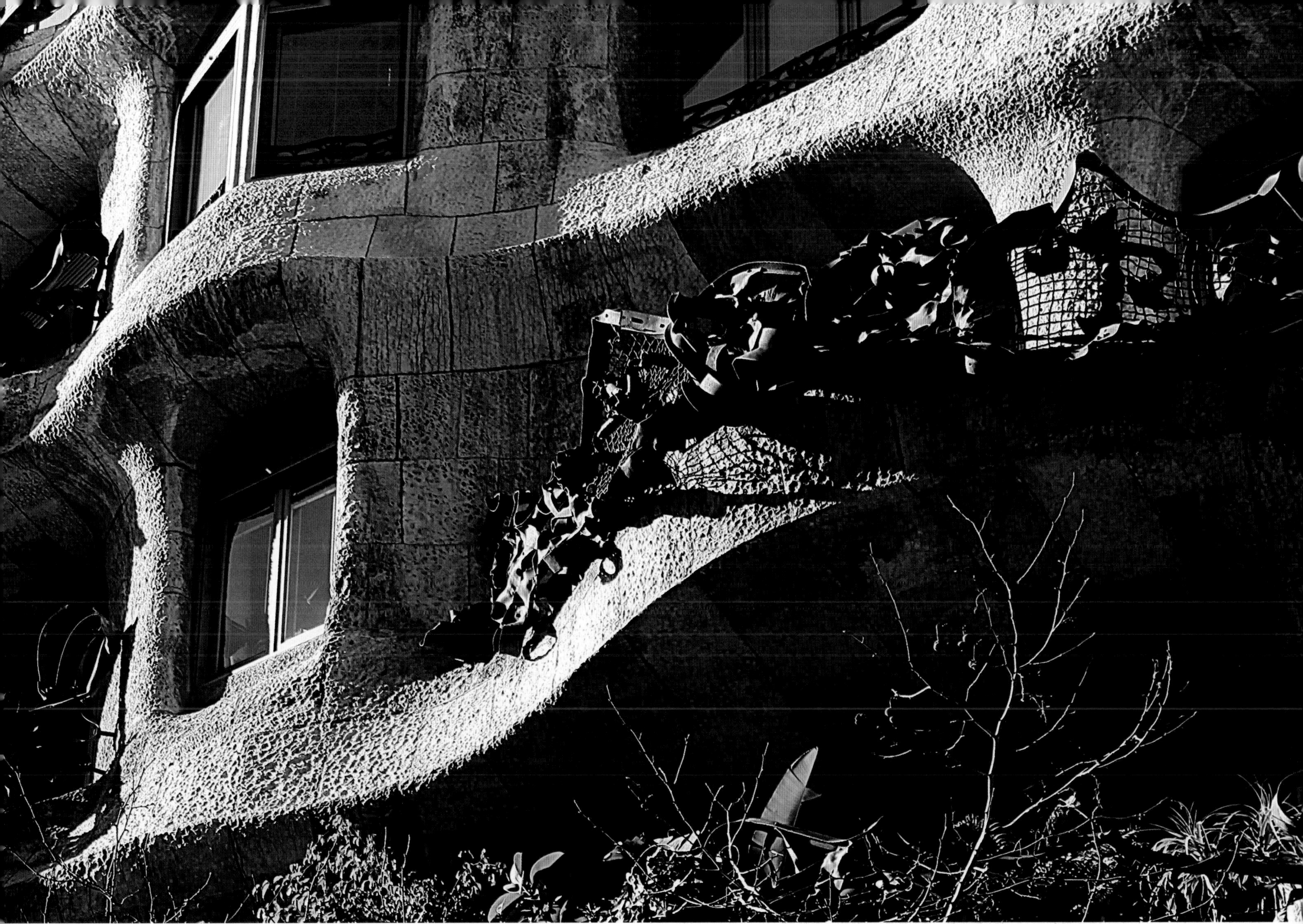

别具一格的外墙设计使建筑有了鲜明的个性特征和耐人寻味的情趣。

高迪设计理念
Gaudi Design

高迪的作品充满了生命力，他对大自然有着极端的热爱。他认为：自然包含了蕴藏在外表的力量，而大自然只是这些内在力量的一种表现形式。作为加泰罗尼亚人，他对Mudejar风格有独特理解，他也被公认为这种风格的大师。Mudejar是一种源于伊斯兰的艺术风格，11世纪在伊比利亚半岛流行，19世纪末在文艺复兴中复苏。这种风格吸收了基督教与伊斯兰教的宗教风格，融入波斯与北非的地域特色，又包含了哥特式的元素，体现为特别繁密多变的表面。高迪说：“让我们想一想出生在地中海意味着什么吧，有着自然的三维景观，这让人们能从整体上去看事物，并把握事物之间的联系。”高迪自幼笃信宗教，他常常把宗教意念带入设计中。高迪极为推崇建筑上的“平衡结构”理论，他说：“我工作室附近的这棵大树就是我的老师。树干和树枝之所以能支撑硕大的树冠，就在于它们之间的结构处在相互平衡的状态中。建筑本身既要利用空间，又要创造空间。艺术作品的本质就是和谐，建筑的作品就是光、雕塑、结构和装饰等的和谐。”高迪典型的设计特点深得有识之士的赏识，其中两位帮助高迪完成了他在巴塞罗那的两件历史性作品：古尔公园与圣家族大教堂。

巴特罗公寓 Bate Luo apartment

这是高迪“米拉公寓”的升级版，大胆和放松的情绪在建筑中表现到了极致，不再有任何的顾忌和拘束，如果说“米拉公寓”是高迪的一个尝试，稍显拘谨，那么在这里，高迪彻底地解放了自己……蓝色和绿色的陶瓷外墙装饰透出一种奇诡的效果，远远望去就像油画家的调色板，使人不由得想起昂扬的斗牛和热烈的弗拉门戈舞。

如同熔岩一样的自然流动感将坚硬的岩石变得柔软可爱起来。萨尔瓦多、达利曾经将这面外墙比喻为"一片宁静的湖水"。

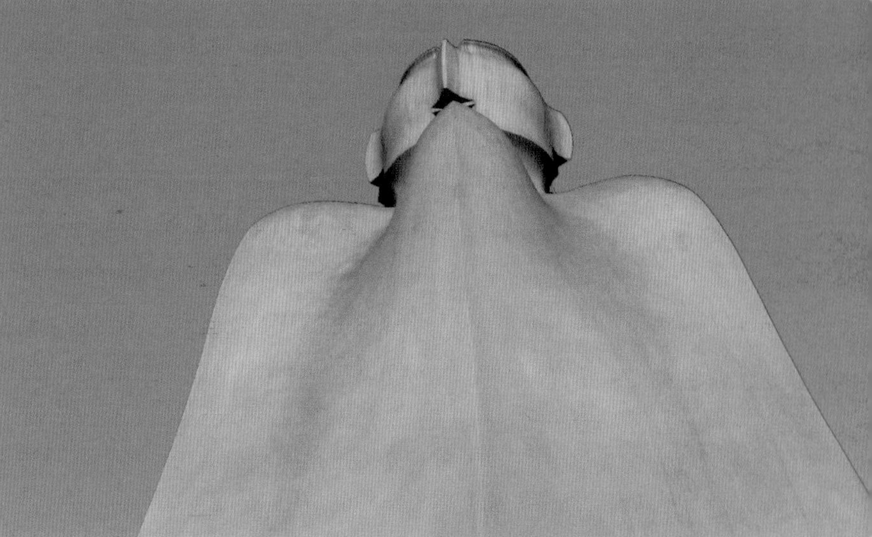

高迪建筑艺术特点
Gaudi architectural art features

高迪的这个时期是文艺思潮兴起的年代，卡卢尼亚现代主义运动兴起，艺术与手工艺运动兴起（新艺术运动兴起），新哥特式风格重振雄风，一度风靡欧洲大地，古典主义逐渐衰落，浪漫主义风格兴起，阿拉伯等东方艺术影响到欧洲。

高迪的建筑艺术特点是：

一、材料简单平凡，但装饰华丽多彩；

二、造型匪夷所思，而结构严谨坚固；

三、自然主义的衍生建筑形式；

四、善于施法自然，认为建筑是生命的自然体；

五、主张消除艺术之间的分歧。

神奇的烟囱
The magic of chimney

在米拉之家的屋顶上面放满了各种各样抽象的人物雕塑。传说高迪在阿拉伯看到各种蒙面的神秘妇女之后产生了巨大的好奇和创作灵感，使这座建筑中又增添了神秘的气氛。实际这些貌似雕塑的东西都有着排风和排烟的功能，到了夜晚，在彩虹灯的照耀下形成一种灯光与视觉的奇幻空间，仿佛真实的童话般的世界。

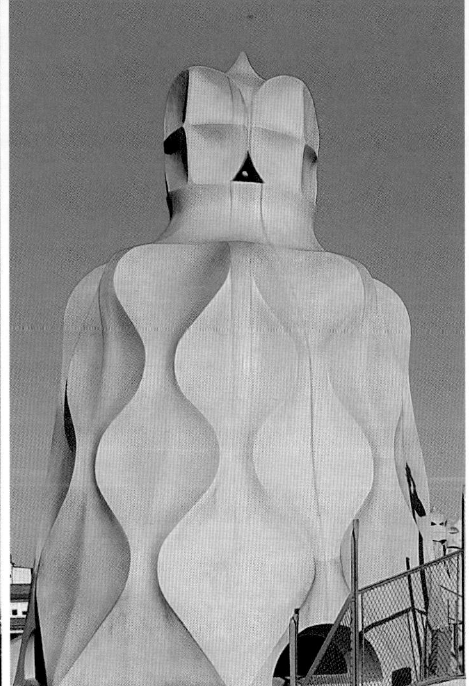

Schonbrunn Palace

舍恩布龙宫

类别 / 宫殿建筑　年代 / 1696～1749年　原属 / 奥地利

舍恩布龙宫又名美泉宫，建于1696年，占地2.6万平方米，全部用浅黄色大理石砌成，修建在一个平坦的小山坡上，由约翰·伯哈德·菲斯彻·范·厄拉施设计，其构思融合了凡尔赛宫绵长的立面和卢浮宫规范威严的布局。

皇家花园
Royal Garden

坐落在奥地利首都维也纳市区西南边缘的舍恩布龙宫，是特丽萨女皇的避暑离宫。它又叫“美泉宫”，因为这里曾有一股泉水。1744~1750年，舍恩布龙宫建成。它是维也纳城内外哈布斯堡王朝宫殿中规模最大、布局最美的一座。历史上，它曾是几代奥皇的宫殿，在这里发生过许多重大事件。现在，它已成为闻名遐迩的游览胜地。特别是它那宽大的皇宫花园值得一提；前花园里的马车道用小方石块铺成，两边有四块长方形草地，各种颜色的花朵镶嵌成图案，仿佛四块彩色的地毯。马车道尽头是两层的宫殿主楼，主楼两边各有一座带天井的方形侧楼，过去是皇帝和皇族居住的地方。后花园建在徐徐而上的斜坡上，前面是八块用彩色花朵拼成图案的长方形草地，尽头是塑有神话人物雕像的大水池，中间有一道树丛。山坡上是大片草地，坡顶上有一道同主楼一般长的立柱拱门。后花园两边还有玫瑰园、橘子园、植物园、动物园、鸽子园等。

1 | 3
2 | 4

1. 陈列于皇宫内反映舍恩布龙宫室内全貌结构的建筑剖面图。
2. 陈列于皇宫内反映美泉宫和广场全貌的透视图。
3. 当年奥皇的王冠（宫藏珍品）。
4. 象征着奥地利皇权的旗帜（宫藏锦旗）。

MAXIMILIANVS .II
D.G. ROMANORV
IMPERATOR SEM
PER AVGVSTVS. &
ANNO DNI. 1569

茜茜公主
Sissi

由于一部《茜茜公主》的电影而被国人熟知。伊丽莎白·亚美莉·欧根妮，1837年12月25日出生于德国慕尼黑，是巴伐利亚女公爵与公主，后来成为奥地利皇后兼匈牙利王后。1898年9月10日在日内瓦被意大利无政府主义者卢伊季·卢切尼用一把磨尖的锉刀刺杀身亡。（右上图）

茜茜是巴伐利亚的马克西米利安·约瑟夫公爵（威滕斯巴赫家族的一个旁支）与威滕斯巴赫家族的路多维卡·维廉米娜（巴伐利亚国王马克西米利安一世的女儿）的次女。她在施塔恩贝格湖畔帕萨霍森她父母的宫廷里长大，她的童年是无忧无虑的，因为她父母在王宫里没有任何职务和义务。

1853年茜茜随她母亲与姐姐海伦赴奥地利伊舍，计划的是海伦应当在那里受到其表哥、奥地利皇帝弗兰茨·约瑟夫一世的注意。出乎意外的是弗兰茨·约瑟夫一世爱上了茜茜。两人于1854年4月24日在维也纳结婚。作为结婚礼物，弗兰茨·约瑟夫将伊舍的行宫送给了茜茜。此后这座行宫被改建成了一个E字形。

从一开始茜茜就很难接受哈布斯堡王朝宫廷内所使用的严格的宫廷规矩，因此她在皇宫里非常孤立。她本人喜欢骑马、读书和艺术，而这些又是维也纳宫廷无法理解的。婚后她很快生了三个孩子：索菲（1855~1857年）、吉赛拉（1856~1932年）和太子鲁道夫（1858~1889年），但皇太后不准她对孩子的教育施加任何影响。她与弗兰茨·约瑟夫之间的关系开始恶化。儿子出生后不久，她就离开了奥地利开始长期旅行。

茜茜始终对匈牙利民族持有同情心，1867年奥地利–匈牙利折中方案达成后，她与她的丈夫一起在布达佩斯被加冕为匈牙利女王。

皇宫内饰之历代皇帝与女皇肖像画

Queens&emperors' portraits of the imperial palace interior

舍恩布龙宫有1400个房间，其中44间是优雅别致的洛可可式，其余多数是巴洛克式。宫内还有东方风格的中国式房间和日本式房间，房间内摆设着中国青瓷、明朝万历彩瓷大盘和描花花瓶。宫内有历代帝王大摆筵席的餐厅和华丽的舞厅。奥地利政府现在仍在那里举行舞会或宴请外国使节。宫内还陈列着几辆特丽萨女皇加冕大典上用过的绣金马车。宫殿长廊里挂满哈布斯堡王朝历代皇帝的肖像和特丽萨女皇16个儿女的肖像——其中一个女儿就是后来法国国王路易十六的皇后玛丽·安东尼特。特丽萨女皇一生政绩卓著，但女皇病逝后，奥地利帝国逐渐开始走下坡路。

宫廷湿壁画

Palace frescoes

多数早期地中海文明都曾使用过湿壁画（其中尤以克里特的米诺斯文明最为知名），湿壁画的踪迹甚至遍及整个欧洲艺术史。
文艺复兴时期的意大利大师进一步将湿壁画绘画发展到了极致。其中最著名的杰作有乔托（Giotto，1267~1337年）为帕度亚的阿雷那礼拜堂以及亚西西的圣方济教堂所作的壁画、法兰契斯卡（Pierodell，Francesca，约1420~1492年）在亚勒索的圣法兰契斯卡教堂与圣塞波尔克洛的康谬那宫里的湿壁画、米开朗基罗（Michelangelo，1475~1564年）的梵蒂冈西斯廷教堂，拉斐尔（Raphael，1483~1520年）在梵蒂冈宫的作品等。

舍恩布龙宫的宫廷天花上的湿壁画非常巨大，用写实的绘画手法表现了象征皇权神圣权利统治下的故事和场景。

维也纳斯蒂芬主教座堂，又称圣·斯蒂芬大教堂，是天主教维也纳总教区的主教座堂，也是维也纳的城市标志，常被选作奥地利商议国家大事的地点。1137年，巴奔堡王朝的利奥波德四世（1136～1141年）与帕绍（Passau，帕绍也有一座Stephansdom教堂，位于帕绍古城中心，以一台拥有17000根管的管风琴而闻名）的主教管区商定，在维也纳城界外面建造一座新的教堂。10年后，这座斯蒂芬大教堂的罗马风格的前身竣工。

哥特式建筑典范
Architectural model of Gothic

维也纳斯蒂芬主教堂，又称圣·斯蒂芬大教堂，是全世界著名的哥特式教堂之一，它那137米高的塔尖是继德国科隆大教堂之后的第二高教堂尖塔。教堂的尖塔高耸瘦挺，悬壁飞券雕刻精美，有着节节拔高的感觉，这也是哥特式教堂的特点。由于欧洲天气阴湿，教堂的外墙已呈现暗灰色调，又加上火灾使教堂裙塔部分已变成了深赭色，但这些丝毫影响不了教堂的艺术鉴赏价值。很多人不远万里来到这里，为的就是一睹这座中世纪伟大教堂的真容。

哥特式建筑以高耸的尖锐造型、层层叠叠的雕刻图案形成其建筑艺术风格，顶部的尖塔造型是建筑物的标竿直插云霄。但在维也纳的哥特式教堂中似乎又多了一些东欧建筑的痕迹，这座教堂的顶部就是典型的例子，是一个皇冠和洋葱头造型的结合体。在瑞典、捷克、匈牙利的建筑中也很常见，当然到了俄罗斯这样的造型就更加夸张了。

教堂内部穹顶肋拱造型不同于其他的哥特式教堂，呈网状排列。

主座圣祭坛的造型很有特点：一幅绘画替代了主座雕像。

教堂内部尺寸
Church interior dimensions

总长度：107.2米；总宽度：34.2米；侧殿高度：22.4米；主殿高度：28.0米；三唱诗台高度：22.4米。
南塔楼：136.4米；北塔楼：68.3米；异教塔楼群：66.3米 和 65.3米；顶长：110米；从墙冠起的顶高：38.0米。

教堂雕塑概述（12~13世纪）

Church sculpture

公元476年，西罗马帝国灭亡，欧洲进入由基督教统治的中世纪时代。从艺术史的角度讲，中世纪到意大利文艺复兴时终止，前后长达一千多年。在这漫长的一千年里，基督教成为治理国家的精神支柱，整个欧洲完全处于封建宗教的控制之下，文化处于桎梏状态，古希腊和古罗马流传下来的灿烂文明几乎完全衰竭，以致于后来崇尚古典艺术的人都称中世纪为“黑暗的一千年”。中世纪的基督教文明完全取代了原来的地中海传统，教会成为政治、经济、文化各个领域的权威和组织者，艺术也完全为宗教服务，非写实的、教条的、充满宗教色彩的艺术风格主宰了中世纪的美术，而古典的自然主义风格和所有古典文明成为光辉的陈迹。

建筑是中世纪艺术的最主要的表现形式，大量的教堂就是在那个宗教狂热的时代修建的，而雕塑作品几乎都作为建筑的一部分出现，表现的内容完全是宗教故事或《圣经》中的人物。

S: VIGILIUS M.E.

哥特式布道坛的装饰艺术是对称的，人物则各有不同。

教堂历史

Cathedral history

斯蒂芬大教堂和欧洲历史上遗留下来的所有教堂一样，屡遭劫难，几经改建。早在12世纪初，巴奔堡的戍边伯爵们就曾在此建造了一座方殿式罗曼风格(对罗马风格的模仿)的教堂。两次大火之后，波西米亚国王奥托卡二世重新建造了一座方殿形的教堂。如今我们见到的西门正是那个时候的产物。我们今天见到的哥特式风格是14世纪的产物。在哈布斯堡的鲁道夫四世公爵的倡导下，一座哥特式风格的教堂逐渐形成了。在以后的几个世纪里，斯蒂芬大教堂几乎没有中断过建造。

大教堂内有1467~1513年间由尼可拉斯·格哈德·凡·莱登（Niclas Gerhaert van Leyden）设计建造的神圣罗马帝国皇帝弗里德里希的红色大理石墓碑。教堂内北侧厅是安顿·皮尔格拉姆（Anton Pilgram）设计的布道坛和管风琴脚（1513年），这两件作品上有作者的自画像。“维也纳新城祭坛”同样值得一看，它是1447年建成的哥特式祭坛，1754年成为欧根·冯·萨沃恩王子（Eugen von Savoyen）的墓碑。祭坛内外柱子上的装饰向我们再次展现了昔日皇宫的豪华与奢侈。

哥特式的布道坛悬浮在飞壁上，它那透、露、空相结合的镂空浮雕非常玲珑。

Vienna Votivkirche

维也纳感恩教堂

类别 / 教堂建筑　年代 / 1853 ~ 1879年　原属 / 奥地利

维也纳感恩教堂是奥地利首都维也纳的一座仿哥特式建筑风格的天主教教堂，又称双塔教堂。大教堂的起源于皇帝弗朗茨・约瑟夫正在散步时，忽然遭到一个匈牙利民族主义者的暗杀；路旁一个屠夫约瑟夫・埃特利希，见此情况，当机立断制服了凶手。对约瑟夫・埃特利希的行为，弗朗兹・约瑟夫给予高度赞赏，并且授予他贵族姓氏。从此，这位屠夫成了全奥地利唯一一个杀猪出身的贵族。遇刺事件发生后，弗兰茨・约瑟夫的兄弟费迪南・马克西米利昂大公爵（日后的墨西哥皇帝）呼吁捐资在皇帝遇刺地点新建一座感恩教堂，以感谢天主护佑皇帝弗兰茨・约瑟夫死里逃生。1879年4月24日，这座仿哥特式教堂落成，起名叫“感恩教堂”（Votivkirche），意思是“对神的谢礼”。

教堂内部装饰
Church interiors

感恩教堂的内部非常漂亮，标准的哥特式空间和建筑细部，视觉效果完美统一，这可能与建筑的历史背景有很大关系。感恩教堂的内外都是由一种风格组成，没有夹杂任何其他建筑形式，就连彩绘玻璃和穹顶造型也都是完全一致的。位于中庭的金属吊顶成为教堂中的一个亮点。

圣母圣子祭坛造型独特

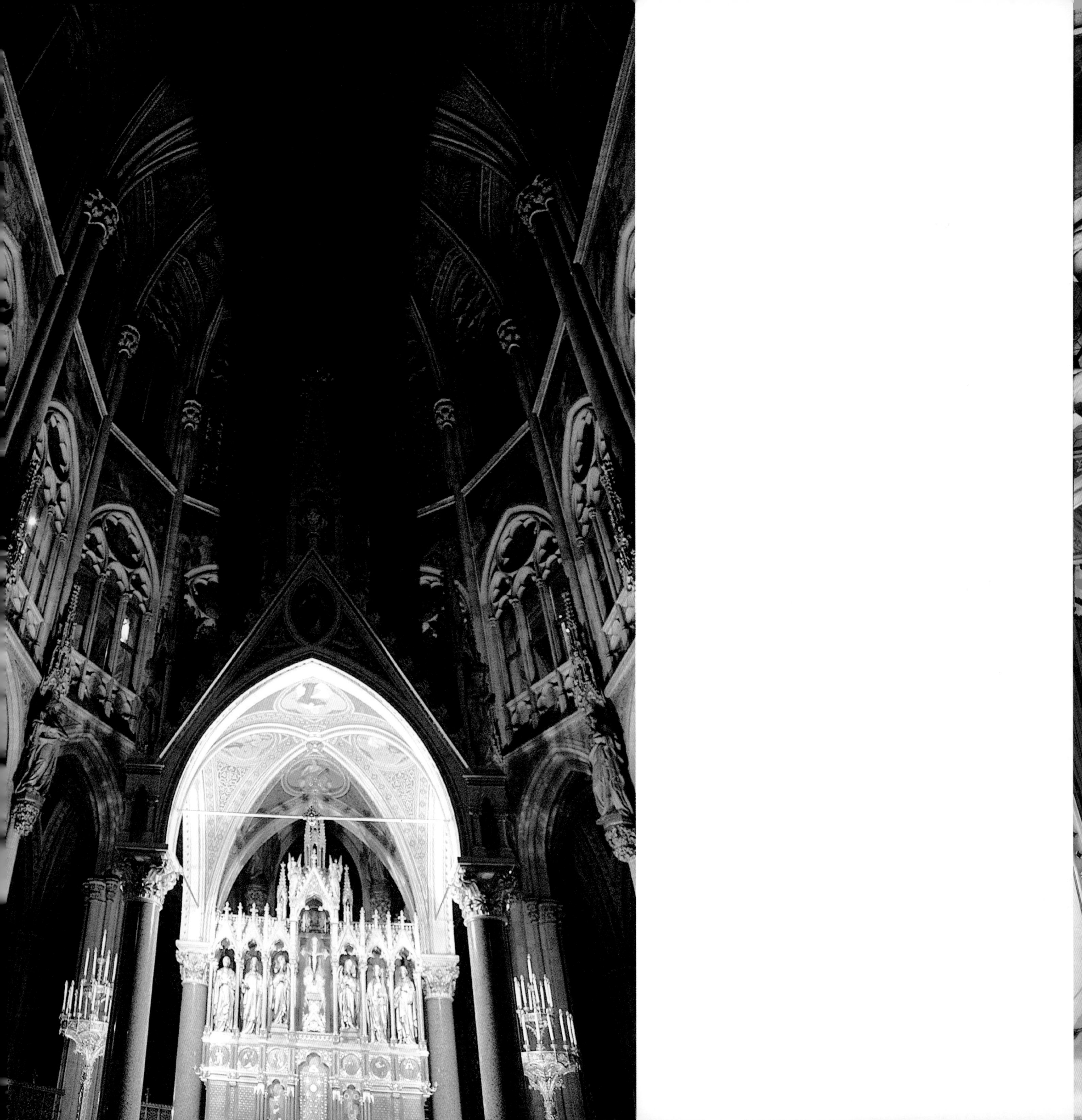

位于教堂内厅的金属吊灯。

古典金属吊灯之美

The beauty of classical metal chandelier

很多中世纪的经典教堂都要设计吊灯，似乎从一个侧面反映吊灯在教堂中的地位。感恩教堂中的吊灯是我见过的教堂中最精美的吊灯之一，它在环境中起到了“点睛”的作用。教堂照度很低，除了自然的彩窗照明、壁灯、落地灯之外就是大吊灯了。试想一下，中世纪没有电灯，只有油灯和蜡烛，吊灯就成了整个教堂的主光源。为了不影响视线，灯采用了非常纤细的铜线造型，既精致又有很好的穿透力，这是多么精心的设计……

教堂穹顶彩绘艺术

Church dome painted art

感恩教堂的穹顶天花彩绘采用装饰性很强的碎花图案和壁画人物相结合的方式，在体现建造者的虔诚和敬仰之情时，也散发着一种浪漫主义的温馨气息，它不同于其他哥特式教堂的森严和沉重，使人能感到上帝微笑和善的面容。教堂的线条和空间更加强调美感和艺术效果。

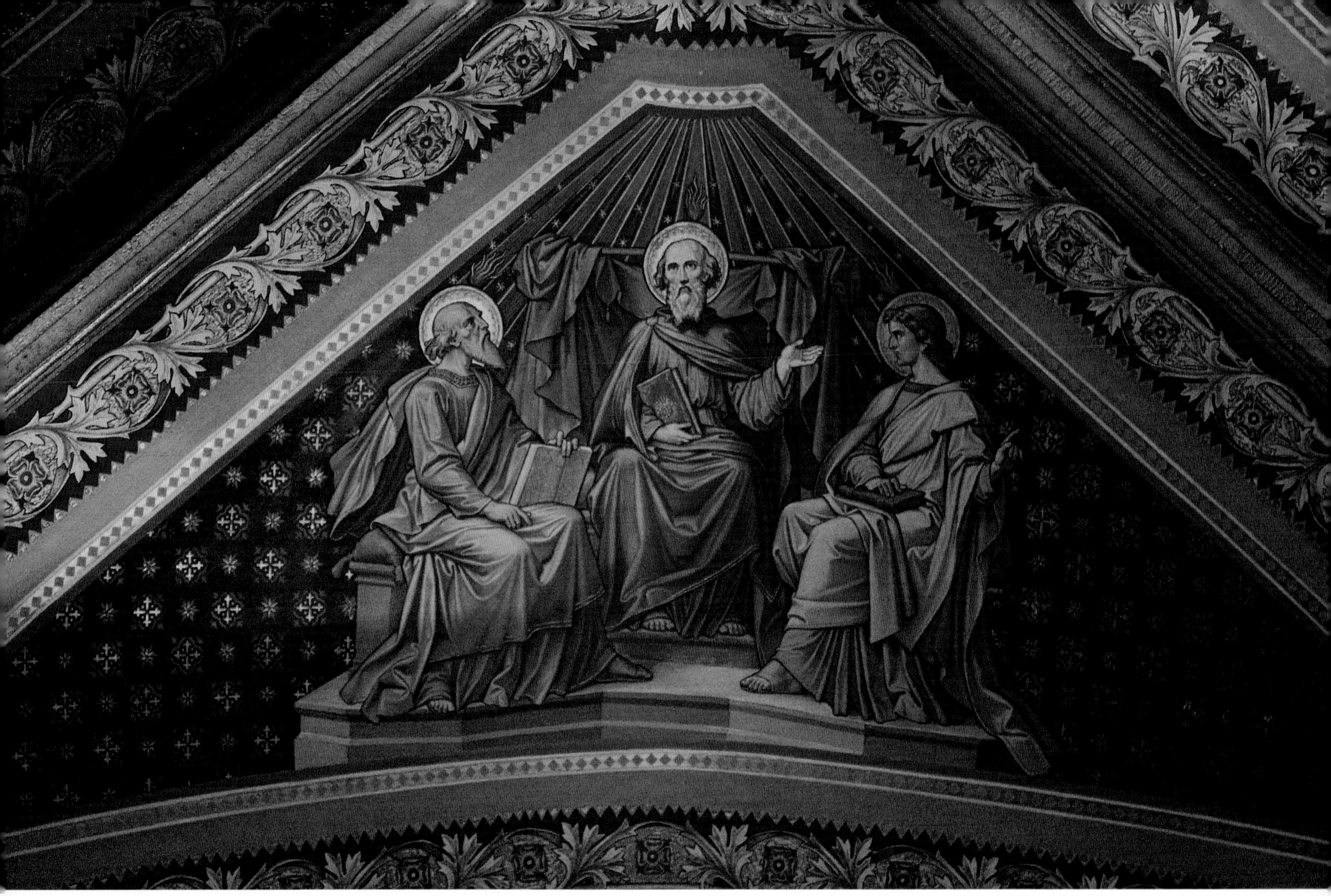

教堂艺术
Church art

教堂中有两大主题内容是宗教艺术中最常见的：一是宣扬上帝万能，二是宣扬追随上帝的事与物。围绕着这样的主题产生了许多杰出的艺术佳作，也成就了人类艺术史上的不朽和永恒。

上图为教堂天花穹顶一角的装饰绘画，描述智者和自己的随行使者传道讲学的场景，采用了写实绘画和装饰图案相结合的艺术手法。

教堂中的雕刻人物都面向天空，仰望上帝，虔诚的表情中带有一种悲伤的情绪，忏悔罪孽深重、祈求上帝的宽恕和抚慰成为宗教艺术所倡导的主流。

玛丽亚·特雷西亚——玛丽亚·特雷西亚广场
Maria theresien— Maria theresien Square

玛丽亚·特雷西亚（1717~1780年）是奥地利开明的女君主（1740~1780年），1741年和1743年加冕为匈牙利和波希米亚女王。女王1717年5月13日出生于维也纳，1780年11月20日卒于同地，为神圣罗马帝国皇帝查理六世之女，1736年同洛林公爵弗兰茨·斯特凡（1745年当选为神圣罗马帝国皇帝，称弗兰茨一世）结婚。1740年查理六世去世后，女王据《国本诏书》袭哈布斯堡王朝王位。

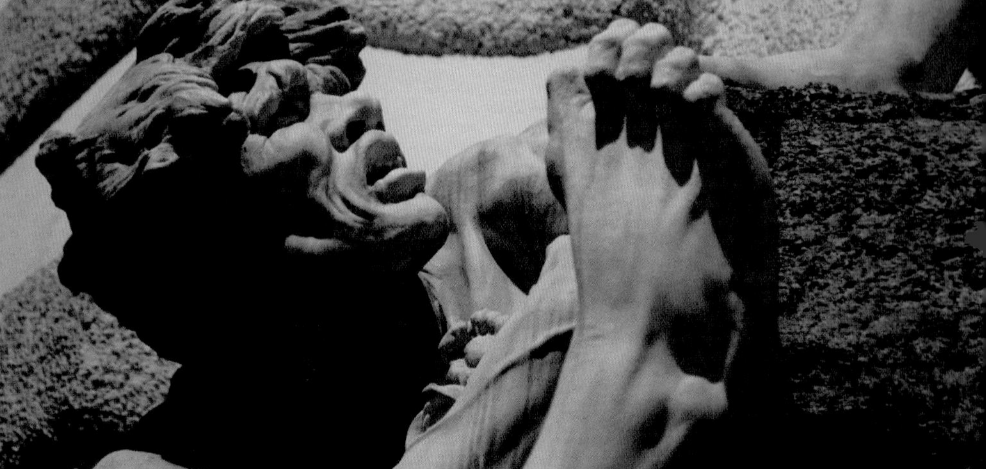

雕塑

Sculpture

这些雕刻注重刻画人物内心世界的细微变化，人物表情夸张，肌肉和骨骼结构都如同有血有肉的活生生的人物再现，是广场雕塑群的精品。

Basilica di San Pietro in Vaticano

圣彼得大教堂

类别 / 教堂建筑　年代 / 18世纪初　原属 / 奥地利

这座与黑死病纪念碑近在咫尺的教堂，建于18世纪初。但在这块土地上已经存在过好几座教堂，传说维也纳第一座教堂即由查理曼大帝（Charlemagne）建于此，后来又在此基础上重建，目前这座教堂的主建筑是由Johan Lukas von Hildebrandt 所设计并监工完成。教堂内部装饰堪称维也纳巴洛克式教堂的典范，其中几幅出自名家之手的壁画和众多的雕塑作品非常吸引人的眼球。

教堂雕塑与绘画

Church sculpture and painting

精彩的绘画和雕刻往往对教堂的装饰有着举足轻重的作用，我们在古典艺术中看到的永远都是精巧、细致和一丝不苟，它们对每一个细节的刻画都对整个建筑空间的品质起到了提升和推动的作用。

从公元4～6世纪开始，教会逐渐对教义与救赎的观念有了渐深的认知，同时希腊罗马文化圈重视肉体美的传统也渐渐对基督教建筑装饰绘画的风格产生影响，雕塑也注重结构和人物表情的刻画，衣纹自然飘逸，有一种真实的感觉。

Katedrala sv. Vita

圣维塔大教堂

类别 / 教堂建筑　年代 / 1344～1929年　原属 / 捷克

圣维塔大教堂是捷克布拉格城堡最重要的地标之一，建筑历经600年左右的漫长岁月才正式完工。圣维塔大教堂是布拉格城堡上的奇葩，有着“建筑之宝”的美誉，从大教堂高耸入云的尖塔、内部屋顶交错的横梁和外面的飞拱结构，就可以看出它属于典型的哥特式建筑，大门上的拱柱和立面装饰都非常豪华。布拉格王室的加冕仪式在此举行，以往王室成员的遗体也安葬于此，现在这里还保存着国王

金色花窗艺术

The art of gold rose window

这座宏伟教堂的金属花窗格外引人注目，在哥特式渐进式窗棂的对比下显得金光灿灿，非常具有跳跃感，所有的金属图案都为对称排列，有一种现代装饰美的痕迹。整个建筑是在一种灰色基调上镶嵌金色的图案和装饰，显得更加富丽堂皇，美轮美奂。

布拉格城堡的顶端便是皇宫和皇宫大教堂（圣维塔大教堂），它那高高的尖塔成为布拉格的城市标志。

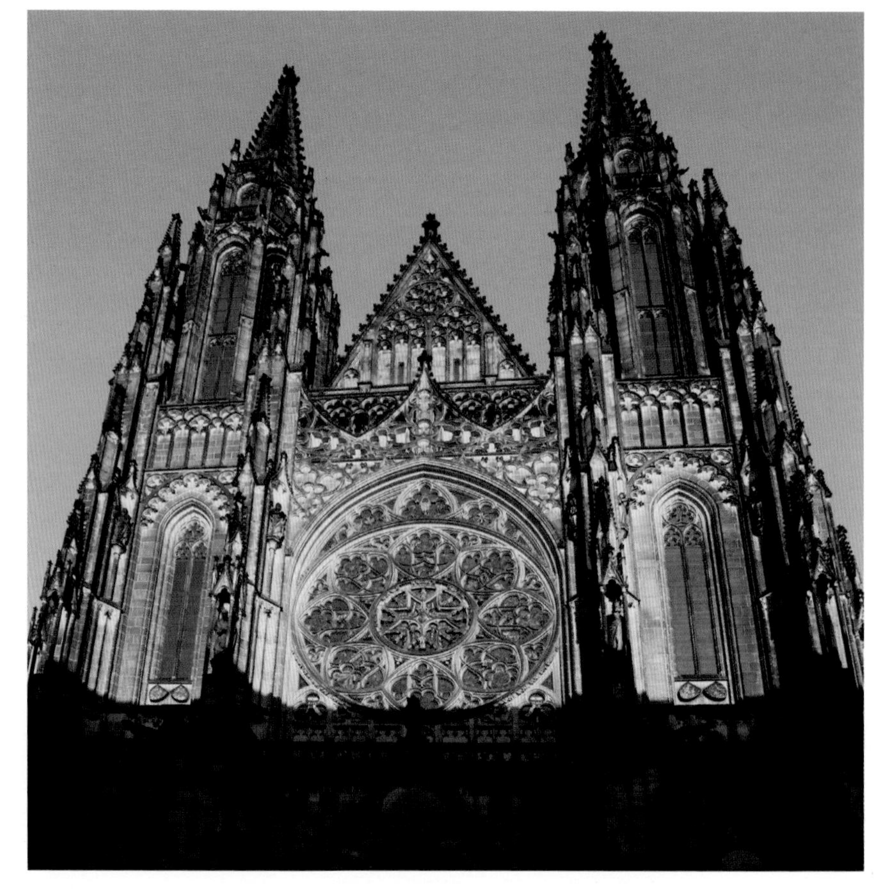

哥特式典范

Gothic model

哥特式教堂有一个共性，就是都非常注重外观的装饰性，强调每一处结构和细部刻画，常常让人觉得目不暇接，不知道从哪儿看起。其实只要分清主次，就会品到它的内在味道。对于古典建筑，首先要认清它们的建筑风格，然后结合年限、历史和建筑背景，来选择怎样欣赏。先看建筑的整体艺术结构，再看花窗（花窗大小直接关系到教堂的等级），然后欣赏悬壁和飞券的雕刻，最后看层层叠加的门拱造型，此后就可以进入教堂内部欣赏了。

大教堂外观装饰艺术

Cathedral appearance of the decorative arts

圣维塔大教堂的花窗和门拱浮雕非常有特点。浮雕采用了几乎接近圆雕的高浮雕作为门楣的装饰，高尖造型的门斗多了两个耳朵，但门拱的叠级只设计三层，并没有像其他教堂那样隆重。整个裙塔部分比较简单，有着东欧风格的痕迹，通过雕刻的风格和手法也可以看出这样的变化，但教堂的主体建筑风格仍然是哥特式的典范。

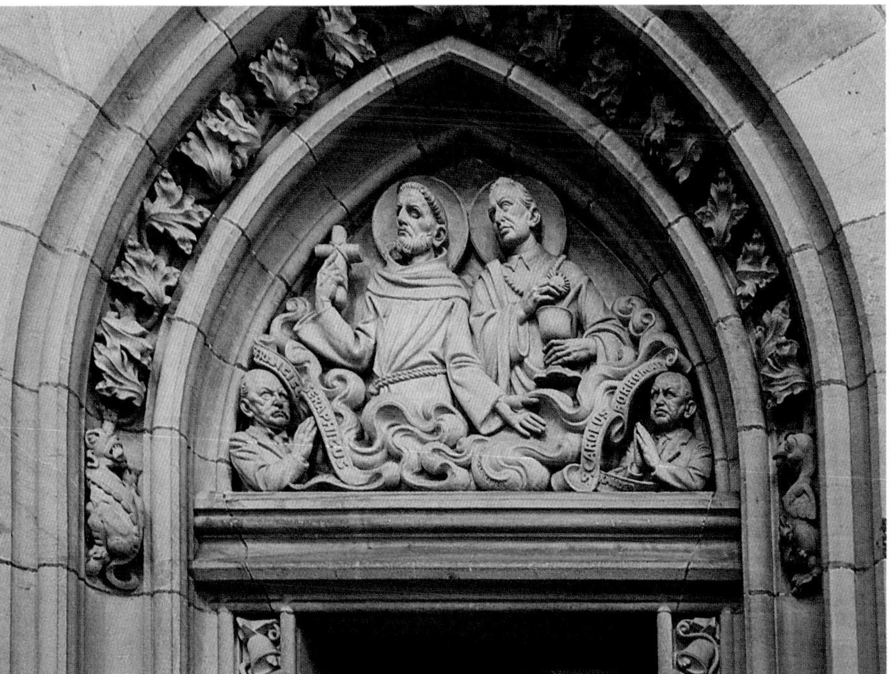

古典建筑的“介”与“溶”

The “mediated” and “dissolved” of classical architecture

欧洲古典建筑中大量的装饰元素和琳琅满目的雕刻，似乎让人目不暇接，无法辨别它们之间的区别。其实不然。欧洲古典建筑主要由罗马式、巴洛克式、哥特式组成，它们风格是完全不同的，尽管各种建筑形式在某些程度上有相互渗透和相互借鉴的地方。

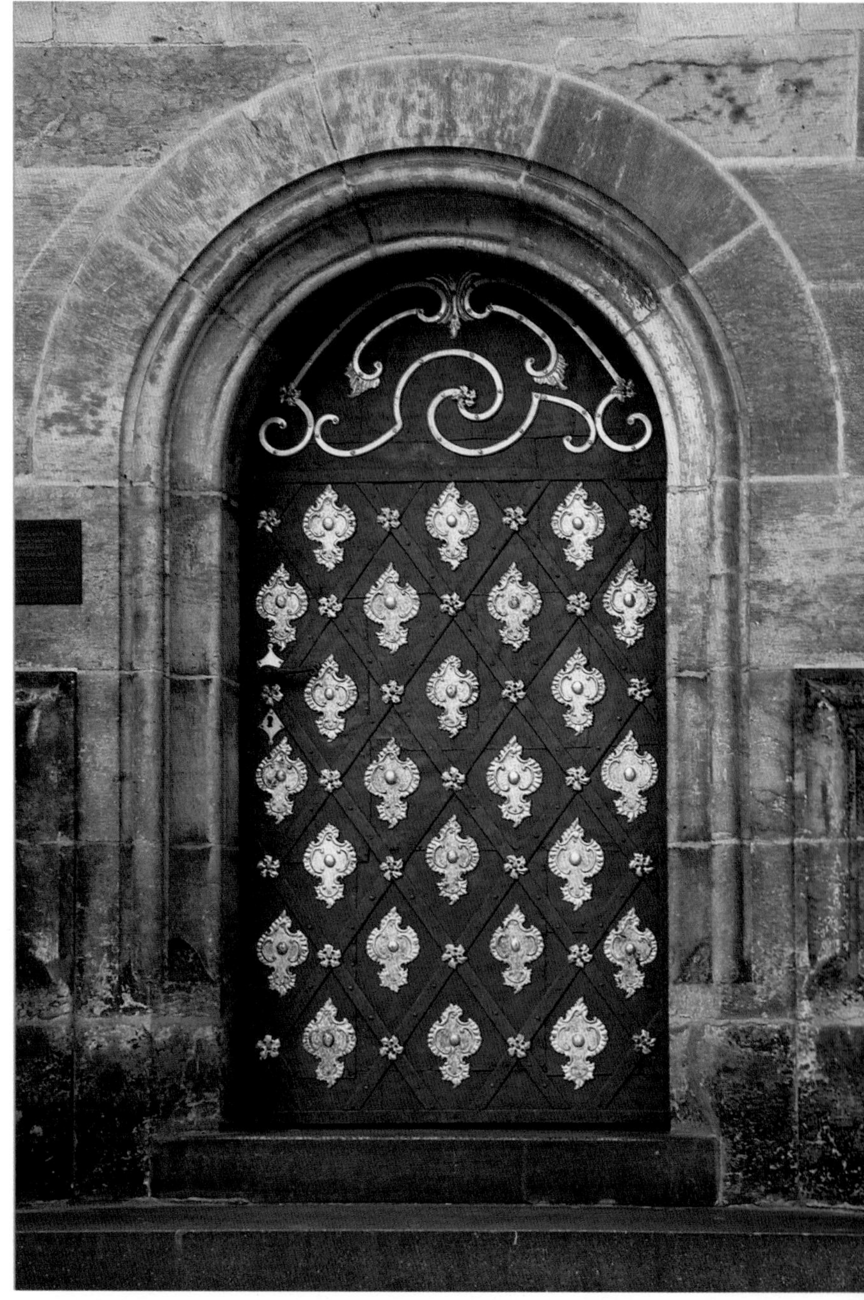

教堂的"门"与"窗"

Church "door" and "window"

教堂的门是建筑的"眼睛"，也是一个建筑的重中之重。门可使人对教堂产生敬畏感，所以教堂的大门往往都是精雕细琢，例如圣维塔教堂的门就是采用金属雕刻铸造而成，门上的雕刻都是一些教化人性的圣经故事，使人还未进教堂就感受到了教堂的分量和上帝的万能与伟大。

同哥特式经典雕刻相比，这里的雕刻艺术性和手法技巧都逊色不少，显得厚重和拙气。

拱门艺术

Arches Art

这样的拱门楣头在欧洲的其他建筑中也曾见到，但这座教堂似乎完全不同于其他建筑，马赛克镶嵌图案更加具有梦幻色彩，人物和意境的表达更加放松自然，这可能与近代的修复有很直接的关系。

PAMATKU
MARJA V. FOERSTR

哥特窗的艺术

The art of Gothic windows

窗户的装饰在哥特式建筑中有着非常重要的位置，时常会根据建筑物的整体要求和功能需要给予不同的搭配，尽管它们的造型手法和元素都非常相近，但不同的组合能营造出不一样的视觉效果。

NAVRHL
ALFONS MUCHA

BOHU
VLASTI
UMĚNÍ KE
BANKA
KU CHVÁLE
K SLÁVĚ
CTI-VĚNUJE
SLÁVIE
PROVEDL
JAN VESELÝ

BANKA
SLAVIE

navštěvovati
nemocné

主座圣坛豪华肃穆

Luxury solemn altar of Main Block

圣维塔大教堂的重点包括艺术性很强的外观尖塔造型以及20世纪的彩色玻璃窗、圣约翰之墓和圣温塞斯拉斯礼拜堂。这是教堂的经典组成部分。走进教堂入口，左侧色彩鲜丽的彩色玻璃，是布拉格著名画家穆哈的作品。圣约翰墓位于圣坛后面，用纯银装饰，非常华丽。圣温塞斯拉斯礼拜堂位于圣约翰墓的后面，以金色为主色调，金碧辉煌，比纯银的圣约翰墓更加奢华，壁画和圣礼尖塔均有金彩装饰，具有较高的艺术价值。

圣史蒂芬大教堂是布达佩斯的地标，位于安德鲁西大道西端圣伊斯特万广场上，系1851年为筹划纪念匈牙利建国一千周年而动工兴建，落成于半个世纪后的1905年。圣史蒂芬大教堂是布达佩斯最大的教堂，建筑设计混合了希腊十字架的新古典式和新文艺复兴式两种风格，雄伟壮观的主圆顶高达96米。1868年主圆顶曾被飓风吹倒，因此不只结构重新拆建，就连内部的壁画和雕刻也再次更新了。教堂内部光线非常暗，靠天窗微弱的光线才能看到一些细部。爬370级楼梯就能登上圆顶最高处，这里的赏景视野为全城之最。

圣史蒂芬大教堂豪华壮丽，室内音响效果极佳，是欣赏教堂音乐的最佳地点。这里经常举办教堂音乐会。

EGO SUM VIA VERITAS ET VITA

1905
INTRANTES
REGAT

SANCTVS
JACOBVS JVN

SANCTVS
JACOBVS SEN

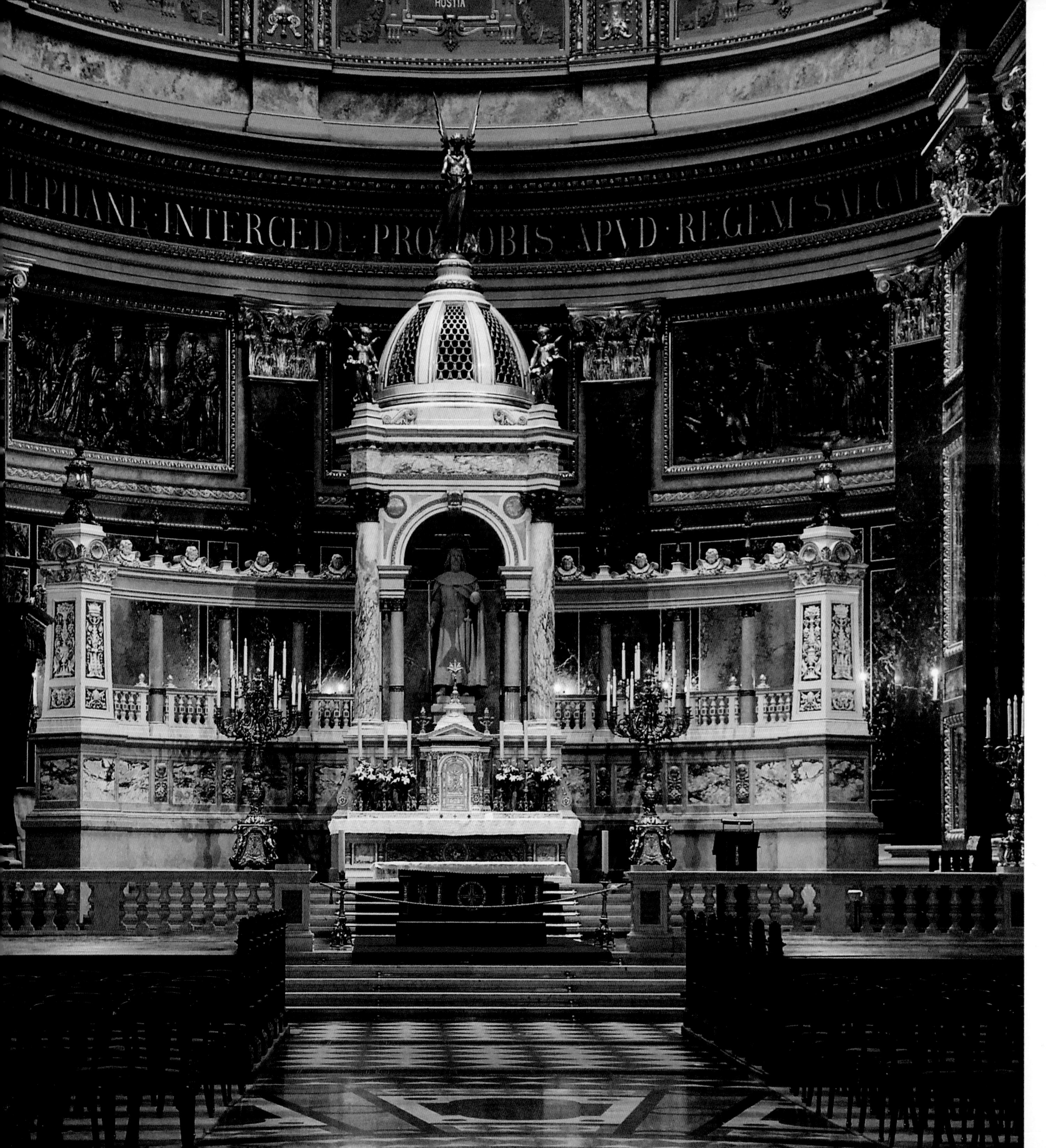
HOSTIA
EPHANE·INTERCEDE·PRO OBIS·APVD·REGEM

反映教堂全貌的教堂模型。

圣斯蒂芬大教堂的内部装饰非常豪华壮丽，常常被人喻为“音乐圣殿”式的教堂。可以想象一下，在这样一座辉煌的教堂里聆听维瓦尔第、巴赫、海顿的音乐会将是何等的享受!

在这座教堂中能明显感觉到一种浪漫主义的情绪在蔓延……

建筑韵律之美

Beauty of architectural rhythm

这是一个音乐圣殿式的教堂，到处金碧辉煌。由于近年维修的缘故，教堂内装饰一新，文艺复兴式的圆形穹顶璀璨夺目，天使的写实画生动漂亮，衣服纹理飘逸自然。教堂被用一种崭新的理念诠释着。

B. EUSEBIUS
FUND. PAULIN

ST·LEOPOLDUS
ST·ANDREAS·AP·

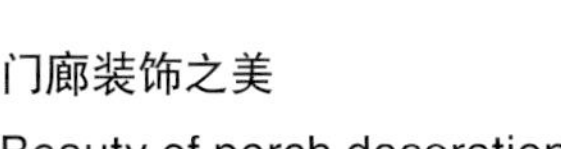

门廊装饰之美
Beauty of porch decoration

高耸的门廊气势不凡，弧形门顶端天花采用描金浮雕，非常华丽。大门上面是圣伊斯特万和众多君主的半身雕像。圣伊斯特万是匈牙利第一任国王史蒂芬，也是率先奉行天主教的匈牙利君主；再上去的山形墙中可见圣母玛利亚和其他一些圣人像。教堂内的礼拜堂空间非常大，装饰极其华丽，金碧辉煌，可容纳8500人做礼拜。祭坛上有圣伊斯特万国王的白色雕像，还有圣盖拉赫尔杜（Szent Gherhardo）、圣阿尔梅里克（Szent Almeric）、圣拉兹洛和圣伊丽莎白的雕塑分布四处的圣坛。

在侧面的一个祷告室内，存放着匈牙利天主教最宝贵的神迹“神圣右手”，那是圣伊斯特万装有宝石的握拳右手，被装放在一个用黄金和玻璃制造的宝盒里。教堂里还有许多美术品、古老的圣器。在第二次世界大战期间，布达佩斯最关键的文件就是藏在这里有防弹设施的地下室里才得以保全。

布达佩斯国家歌剧院位于多瑙河东岸佩斯城区安德拉什大街的南部，是一座古色古香的新文艺复兴派建筑。1833年，这座宏丽的建筑落成的时候，2600支蜡烛在160面镜子的反射下，把整个大厅照耀得辉煌富丽。同年，奥地利著名音乐家、《蓝色多瑙河》的作者约翰·斯特劳斯在这里举行音乐会。1849年，奥地利侵略军把这座建筑夷为平地。1865年1月15日，匈牙利在原来的废墟上又盖起了第二座歌剧院，然而她已失去了古典主义的原貌，成为匈牙利历史上最漂亮的浪漫主义建筑之一。歌剧院在第二次世界大战中又遭毁坏。战争结束后，匈牙利还是在原址上修建了第三座歌剧院。现在，这座人民的艺术之宫又恢复了浪漫主义的原貌。

Gioacchino Rossini
BUDAPESTI
Operabál
2009. február 21.
T Mobile

罗曼式建筑

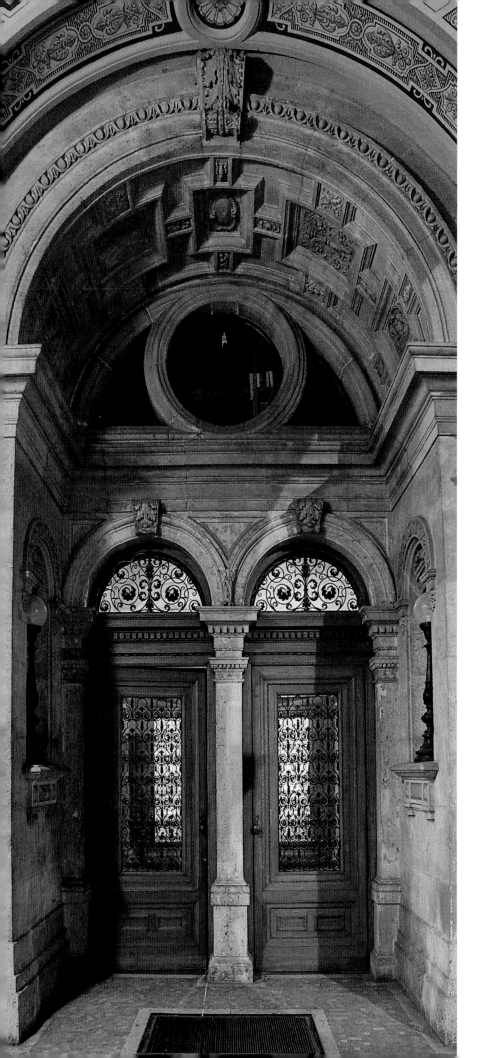

Roman-style building

在这座新文艺复兴建筑中隐约能看到一些罗曼式建筑的影子，建筑构成厚重敦实，外观的立面特征上洋溢着一种浪漫主义的情绪。这一时期的建筑都有这样的一些倾向，并且在建筑过程中还夹杂着一些东欧民族的特色，特别是在门廊两侧摆放的狮身人面像又将思维引向了古老的埃及文明，不难看出设计师的浪漫主义思维和情怀。

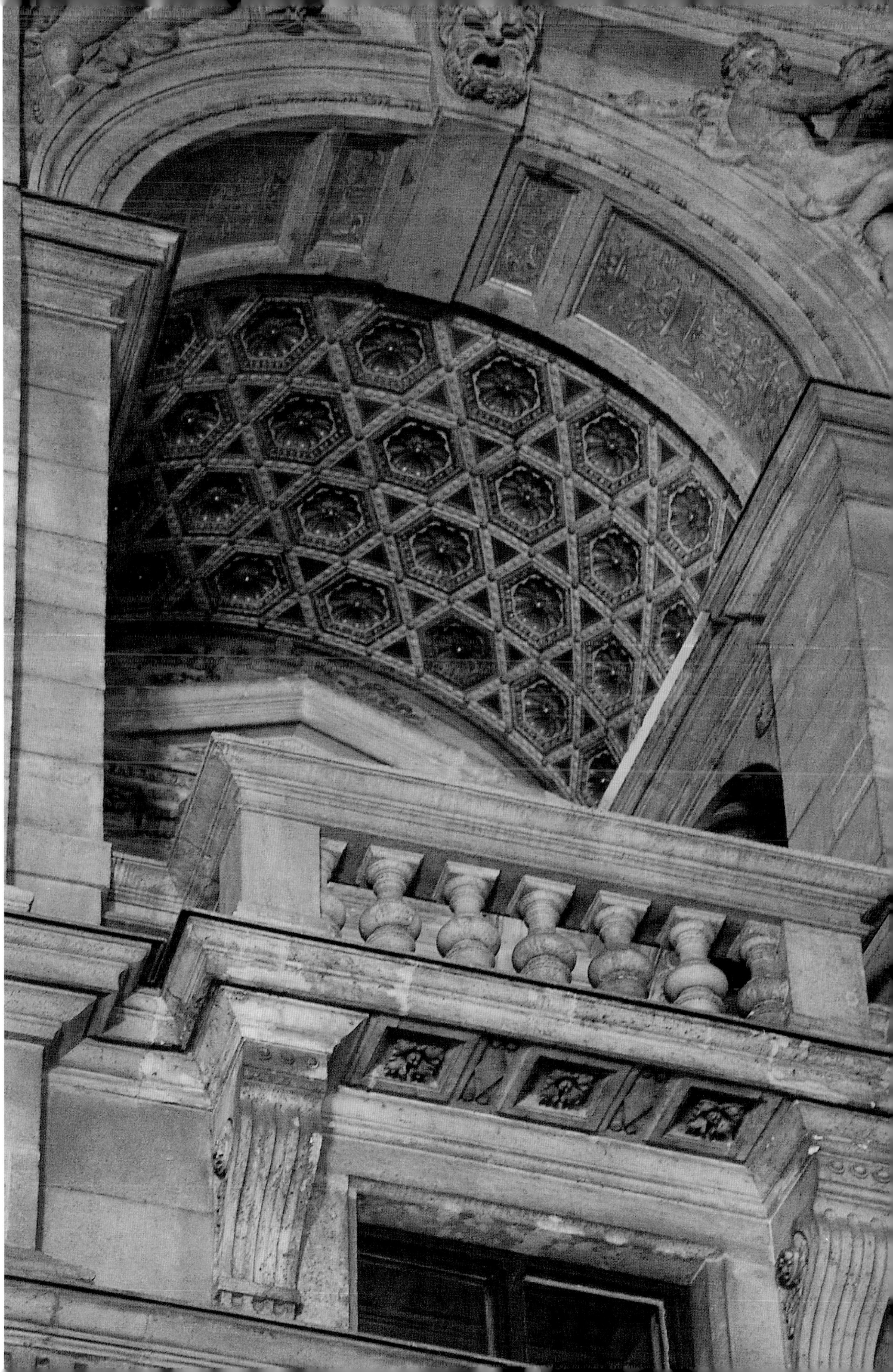

穹顶线描装饰艺术

Dome line drawing decorative arts

这样的白线描天花装饰唯独布达佩斯国家歌剧院才有，这也是给我的一个惊喜。试想一下，在门庭两侧用这样的艺术手法做顶棚装饰是多么的娴静优雅，它同内部极度奢华的剧场形成巨大的落差，造成视觉感观的强烈震动。一个古典建筑能有如此的创作思路，让人赞叹，让人敬服！“装饰艺术”的意义也就在此。

浪漫主义建筑

Romanticism architecture

这座浪漫主义建筑的门廊天花非常有特色，犹如线描版画般的顶棚穹顶在欧洲古典建筑中非常少见，而且艺术性很高，表现技法纯粹简约，局部贴金处理恰到好处。看多了欧派建筑隆重的顶棚装饰，再回过头来看这里的装饰，让人有一种赏心悦目的感觉。

歌剧院艺术浅析

Opera art analysis

整个歌剧院内部呈皇冠造型结构，以彰显皇族的雍容华贵和显赫的贵族地位，这座有着非常奢华装饰的剧场，接待了许多名流显贵，成为上流社会的代表和象征。

据说当时的奥匈帝国皇后茜茜公主是这里的常客。遵循当时"女人不单独看戏"的陈规，剧院特别为她在三楼保留了一个不易被人看见的包厢。

尽管从建筑规模上，国家歌剧院略显小巧，但无论其历史价值还是建筑风格，特别是对布达佩斯这座音乐名城而言，它都是一座不朽的艺术建筑。如今，布达佩斯已在多瑙河畔、罗兰大学的对岸，建造起一组现代化的艺术宫。也许，国家歌剧院将作为匈牙利音乐发展的历史妥善地保留起来，到这儿来听戏的机会将越来越少。

这里最初的名字叫"匈牙利国王歌剧院"，专为国王而建，因此内外装修极为豪华。绘画的天棚、墙壁，精美的雕塑和陶瓷制品，高纯度的黄金装饰，俨然一座宫殿。建成时是当时欧洲最现代的歌剧院，它不但拥有先进的伸缩舞台、空调系统，并率先使用铁幕布，其音响效果被公认为欧洲第二（仅次于意大利米兰歌剧院）。

剧院的观众席有三层包厢，可容纳1300人观看演出。舞台面积达1000多平方米。乐池在舞台前的下部，若举行专场音乐会时，舞台板可缩后露出乐池。正对舞台的包厢是国王专用包厢，楼梯口站立着一尊真人大小的镀金侍者塑像。剧院内除吸烟室和卫生间外，凡是观众能看到的部分都被精美的绘画填满。

A MUZSIKA
VILÁGA
AZ
OPERAHÁZBAN

布达皇宫位于匈牙利首都布达佩斯河岸的山丘上，同渔人堡平行而置。早在13世纪时，“阿鲁巴多王朝”在多瑙河右岸兴建了这座气势宏伟的宫殿，后来土耳其占领布达期间长期失修；18世纪开始，皇宫部分建筑重建，19世纪中期起，得到修复和扩建，建成一座规模空前的新巴洛克式建筑。后来又在第二次世界大战时期毁坏，战后成立了特别复兴委员会重建布达皇宫。今天看到的是“二战”后重新建造的新皇宫，王宫中心部分现为历史博物馆（Historical Museum）、画廊（National Gallery）及工人运动博物馆（Museum of the Workers Movement）。博物馆内依年代顺序展示有关布达佩斯和匈牙利的历史资料。画廊主要展示匈牙利代表性画家和雕刻家的作品。

概述
Outline

城上山丘南侧有中世纪城墙的遗迹，由此可俯瞰多瑙河及市政大厦和沿岸全景。自此经山下的隧道沿路走到多瑙河上的链桥，桥的另一侧即是佩斯地区。

从皇宫入口象征着皇权的雄鹰两个瓜子握住一把宝剑的雕塑就可以看出宫廷的威严气势。从城堡山上北望多瑙河，第一个映入眼帘的就是国会大厦，它是一座宽268米、高96米的新哥特式雄伟建筑。

布达皇宫和皇宫大教堂都处于城堡山上，同布达城堡形成一个整体的建筑群。

布达城堡

Castle of Buda

布达城堡是匈牙利著名古城堡，位于布达佩斯布达区城堡山。13世纪后期，蒙古入侵后，国王贝拉四世在城堡山上用石头建造城堡。后几经破坏，马加什国王在位时扩建为新巴洛克式建筑群。

古城堡内的道路用石块砌成，街道两旁的房屋和路灯仍保持中世纪时的样式，堡内还有不少土耳其统治时期的遗迹。

布达皇宫占城堡区 2/3的面积，有哥特式大殿、伊斯特万塔、皇宫小教堂等。附近有为纪念渔民们抗击土耳其侵略军而于1901~1903年建造的混合新罗马式和新哥特式的造型别致的建筑物——渔人堡。

这座新哥特式建筑的基座上有四组浮雕，分别描述皇帝出征、加冕、兴建城堡的故事。

城堡的迷宫洞窟

Castle's maze cave

很难想象在城堡的下面隐藏着犹如迷宫般的地下世界。距离三位一体广场不远处的城堡山地下洞窟是城堡山洞窟中最长最知名的 座，长约1200米，串联着大大小小的洞窟和酒窟数十个之多。这些独特的石灰岩洞窟早在50万年前就已存在，原先是史前人类的避难所和猎场。到了20世纪30年代战争时期，它成为防御工事和避难场所。后经过改建，这里成为了展示匈牙利人改宗天主教前的雕塑和宗教艺术品的场所，从洞窟中可以看到肋拱建筑和古浴池。

Mátyás Templom

马加什教堂

类别 / 教堂建筑　年代 / 1255～1269年　原属 / 匈牙利

马加什教堂位于匈牙利布达佩斯多瑙河岸边的布达城堡上，由国王贝拉四世(IVBela)于1255～1269年建造。教堂为新哥特式建筑风格，外观和内饰非常美丽，是布达佩斯的象征之一。15世纪时，马加什国王在南侧建了一座尖塔钟楼，整个教堂便被命名为马加什教堂。因为历代匈牙利王的加冕仪式皆在此举行，因此又有“加冕教堂”之称。在16世纪土耳其占领期间，教堂被焚，后被土耳其人用作主清真寺。教堂的现貌完成于1874～1896年。尖塔内部有贝拉国王及其王妃的石棺。

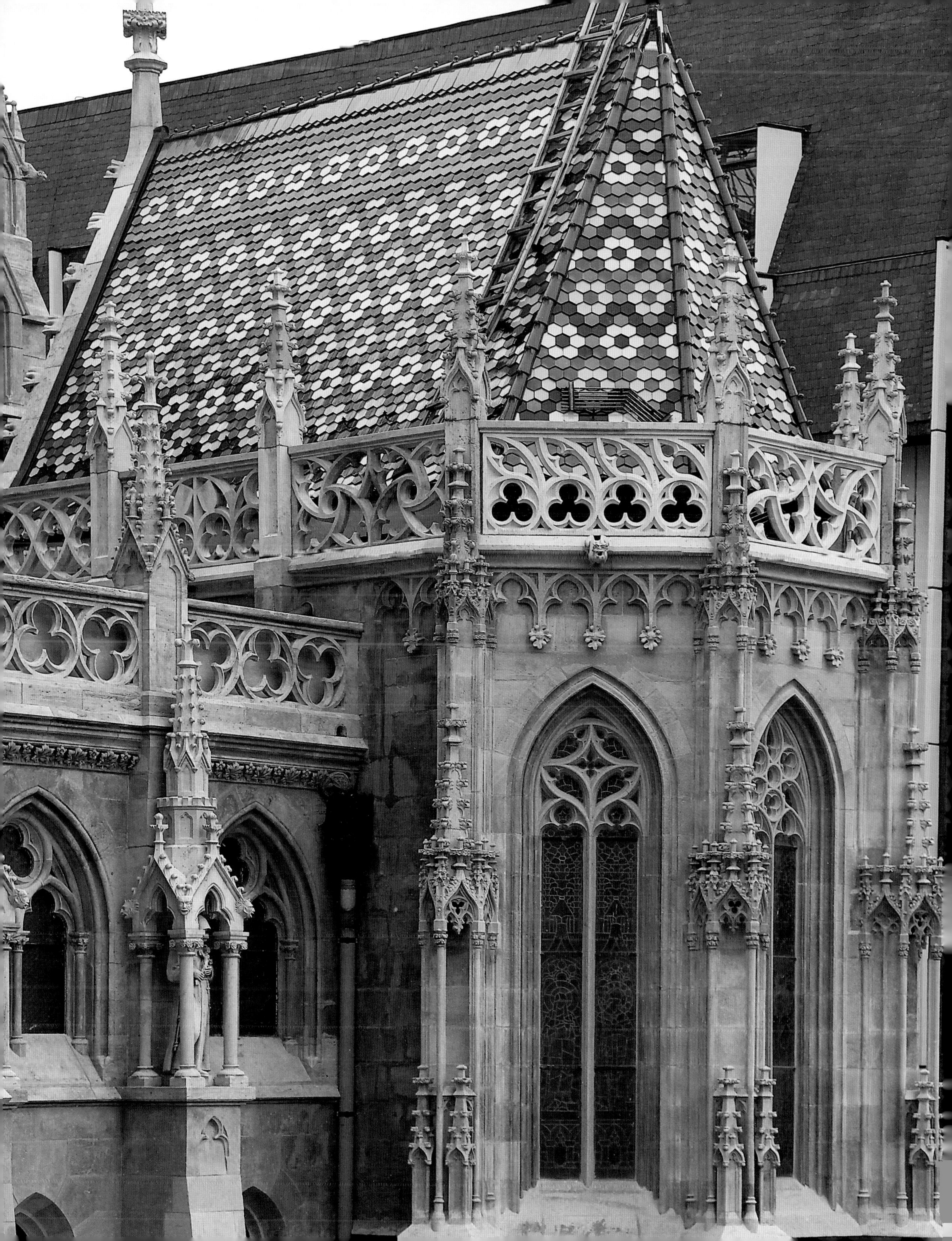

“新哥特式”门拱造型比“哥特式”门拱造型简约，花边装饰也稍显简朴，但哥特式的渐进叠级式造型仍然被沿用。

装饰艺术手法
Decorative art

马加什教堂大量使用平面绘画手法对教堂的内部空间进行装饰，通过绘画的手段使空间关系和层次发生变化，这种纯绘画手段大面积修饰在过去的教堂中并不多见。

皇宫教堂彩绘玻璃及装饰艺术

Royal Palace church stained glass and decorative arts

马加什教堂其实不是很大，但这里是历代国王加冕的地方，特别是大家熟悉的《茜茜公主》中的约瑟夫国王和茜茜公主的加冕就是在这座教堂举行的，加上它又和渔人堡、布达皇宫在一起，所以成为人们必去的地方，是匈牙利的重要名胜古迹之一。教堂内厅布满精美壁画和彩色玻璃，而且大多以动物的图案为主，特别是羊和鹿的图案最多，传递出一种自然、祥和、安逸的感觉，这是皇宫教堂有别于其他教堂的最鲜明的地方。

rvas a Vízforrásokhoz, Ugy kivánkozik lelkem tehozzád Isten

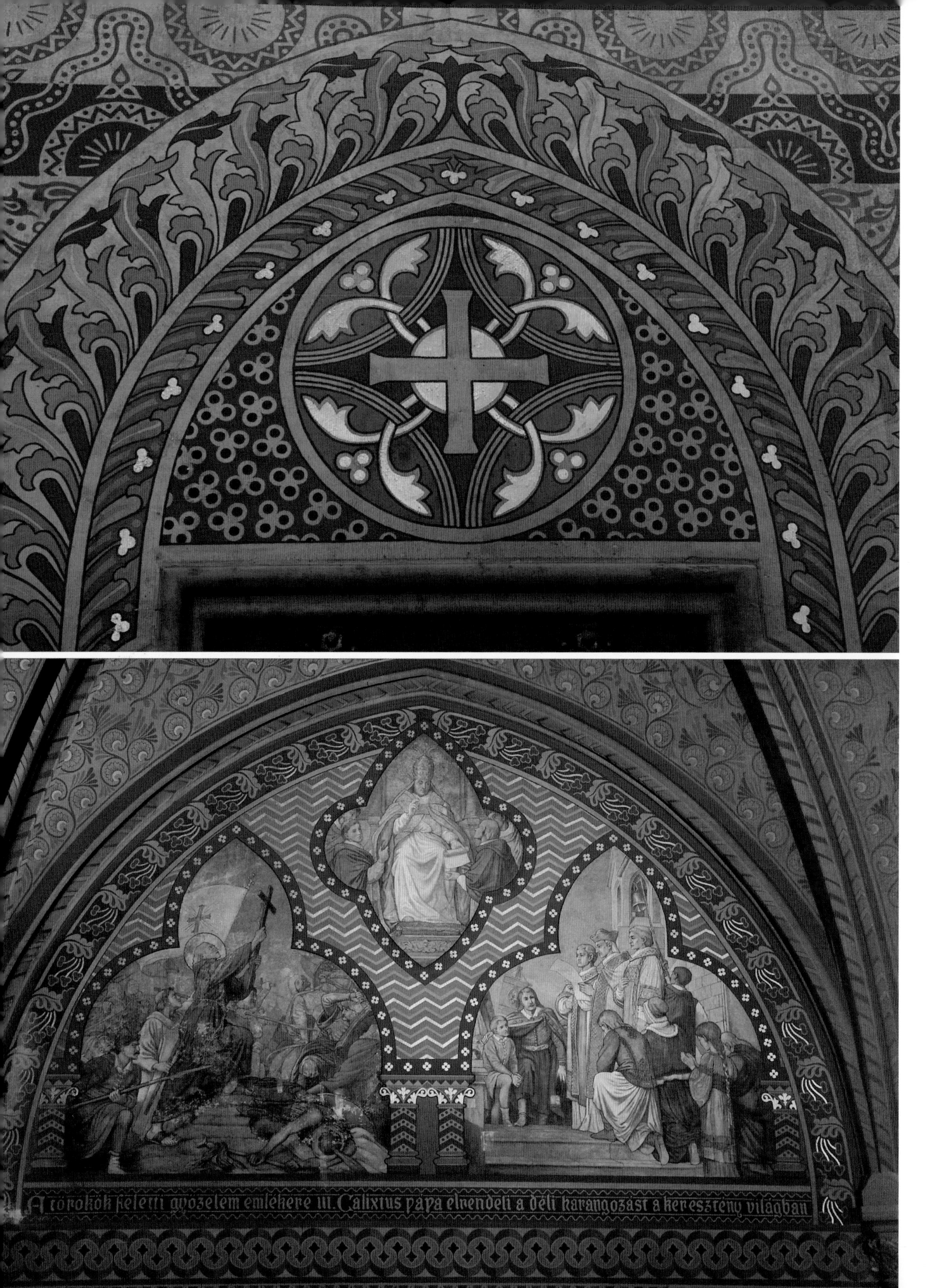
A törökök feletti győzelem emlékére III. Calixtus pápa elrendeli a déli harangozást a keresztény világban

教堂艺术浅析
Analysis of church art

教堂装饰是反映教堂艺术水平高低的一个重要指标。在中世纪的教堂中，我们可以看到繁杂的雕刻和绘画交叉使用，经常看到先雕后画再描金，极尽奢华。但这座新哥特建筑，放弃了繁杂的工艺，大量采用植物、动物花纹结合人物故事来达到装饰效果，色彩也非常温婉柔和。通过绘画气质来表现建筑理念，这也是一种特色和进步。

上图为教堂中的熏炉。

下图为教堂柱脚的细部。

后记
Postscript

浅析欧洲古典建筑艺术风格的形成和历史背景
Analysis of the European classical architectural style of art and historical background

欧洲古典建筑装饰艺术风格多样，门类繁多，但大的类别无非就是拜占庭、罗曼式、哥特式、文艺复兴式、巴洛克式、新古典式等几大类（当然在不同阶段还有雅典式、银匠式、洛可可、新艺术派，等等），这些都与所处的地理位置、历史环境、传统习俗和文化艺术背景有关，不同国度、不同地域、不同民族，经过长期的实践和发展才形成各自不同的建筑风格。在古希腊、古罗马、法兰西、意大利、德意志、西班牙、奥地利、匈牙利、捷克王国等都有各自的建筑艺术和建筑风格。从来就不曾有过所谓统一的"欧式风格"，所以欧洲风情或欧式建筑的提法是不全面、不科学、不准确的，为了让大家对欧洲古典建筑装饰艺术风格有一个初步认识，下面向大家作一个简单的介绍和总结。

欧洲中世纪经历了近千年的封建分裂和教会的统治。宗教建筑是这一时期建筑成就的最高代表，主要以教堂、宫殿、城堡形式为主，在本书中选择的建筑也主要是围绕这样的多样性建筑风格展开的 。

公元 395 年，拜占庭建筑继承古希腊和古罗马的建筑遗产，同时吸取了波斯、两河流域等地的经验，形成独特的建筑体系，拜占庭建筑的主要成就是在教堂建筑中创造了用四个或更多的柱墩通过拱券支承穹隆顶的结构方法和相应的中心对称式建筑形制。在拜占庭建筑中，中心对称式构图的纪念性艺术形象同结构技术相协调。

公元 476 年，西罗马帝国灭亡。在西欧，古罗马的建筑技术和艺术失传了。10 ~ 12 世纪，由于当时建筑上的木构架易受火灾又难以加大木结构跨度，于是开始探索石拱券的技术，形成了罗曼建筑。罗曼建筑是欧洲基督教流行地区的一种建筑风格。罗曼建筑原意为罗马建筑风格的建筑，又译作罗马风建筑、罗马式建筑、似罗马建筑等。罗曼建筑风格多见于修道院和教堂。石拱券技术的不断发展，终于形成了哥特式建筑。

1. 哥特式建筑

哥特式建筑是 11 世纪下半叶起源于法国，13 ~ 15 世纪流行于欧洲的一种建筑风格。主要见于天主教堂，也影响到世俗建筑。哥特式建筑以其高超的技术

和艺术成就，在建筑史上占有重要地位。 哥特式教堂的结构体系由石头的骨架券和飞扶壁组成。其基本单元是在一个正方形或矩形平面四角的柱子上做双圆心骨架尖券，四边和对角线上各一道，屋面石板架在券上，形成拱顶。采用这种方式，可以在不同跨度上作出矢高相同的券，拱顶重量轻，交线分明，减少了券脚的推力，简化了施工。

飞扶壁由侧厅外面的柱墩发券，平衡中厅拱脚的侧推力。为了增加稳定性，常在柱墩上砌尖塔。由于采用了尖券、尖拱和飞扶壁，哥特式教堂的内部空间高旷、单纯、统一。装饰细部如华盖、壁龛等也都用尖券作主题，建筑风格与结构手法形成一个有机的整体。哥特式教堂建筑近似框架式的肋骨拱券石结构，与相同空间的古罗马建筑相比，重量大大减轻，材料大大节省。用来抵挡尖拱券水平推力的扶壁和飞扶壁，窗花格和彩色嵌花玻璃窗，以及林立的尖塔是它的外部特征。哥特式建筑的外表和特征给人以向上的感觉，体现了追求天国幸福的宗教意识。哥特式教堂的结构技术和艺术形象达到了高度统一。

2. 文艺复兴建筑

文艺复兴建筑是欧洲建筑史上继哥特式建筑之后出现的一种建筑风格。15世纪产生于意大利，后传播到欧洲其他地区，形成了有各自特点的各国文艺复兴建筑。意大利文艺复兴建筑在文艺复兴建筑中占有最重要的位置。

文艺复兴建筑最明显的特征是扬弃了中世纪时期的哥特式建筑风格，而在宗教和世俗建筑上重新采用古希腊罗马时期的柱式构图要素。 文艺复兴时期的建筑师和艺术家们认为，哥特式建筑是基督教神权统治的象征，而古代希腊和罗马的建筑是非基督教的。他们认为这种古典建筑，特别是古典柱式构图体现着和谐与理性，并同人体美有相通之处，这些正符合文艺复兴运动的人文主义观念。但是意大利文艺复兴时代的建筑师绝不是食古不化的人。虽然有人（如帕拉第奥和维尼奥拉）在著作中为古典柱式制定出严格的规范。不过当时的建筑师，包括帕拉第奥和维尼奥拉本人在内并没有受规范的束缚。

他们一方面采用古典柱式，一方面又灵活变通，大胆创新，甚至将各个地区的建筑风格同古典柱式融合一起。他们还将文艺复兴时期的许多科学技术上的成果，如力学上的成就、绘画中的透视规律、新的施工机具等，运用到建筑创作实践中去。

在文艺复兴时期，建筑类型、建筑形制、建筑形式都比以前增多了。建筑师在创作中既体现统一的时代风格，又十分重视表现自己的艺术个性。总之，文艺复兴建筑，特别是意大利文艺复兴建筑，呈现空前繁荣的景象，是世界建筑史上一个大发展和大提高的时期。

一般认为，15 世纪佛罗伦萨大教堂的建成，标志着文艺复兴建筑的开端。而关于文艺复兴建筑何时结束的问题，建筑史界尚存在着不同的看法。有一些学者认为一直到 18 世纪末，有将近 400 年的时间属于文艺复兴建筑时期。另一种看法是意大利文艺复兴建筑到 17 世纪初就结束了，此后转为巴洛克建筑风格。

3. 巴洛克建筑

是 17 ~ 18 世纪在意大利文艺复兴建筑基础上发展起来的一种建筑和装饰风格。其特点是外形自由，追求动态，喜好富丽的装饰和雕刻、强烈的色彩，常用穿插的曲面和椭圆形空间。

巴洛克一词的原意是奇异古怪，古典主义者用它来称呼这种被认为是离经叛道的建筑风格。这种风格在反对僵化的古典形式，追求自由奔放的格调和表达世俗情趣等方面起了重要作用，对城市广场、园林艺术以至文学艺术都产生影响，一度在欧洲广泛流行。

意大利文艺复兴晚期著名建筑师和建筑理论家维尼奥拉设计的罗马耶稣会教堂是由手法主义向巴洛克风格过渡的代表作，也有人称之为第一座巴洛克建筑。14 世纪，意大利出现了文艺复兴运动。这个运动反对神权，要求人权，追求自由和现实幸福的人文主义思想和重视科学理性的思想，形成了以复兴希腊罗马古典文化为旗帜反对教会文化统治的浪潮。15 世纪初，这个浪潮涌进建筑学领域，被遗忘的古罗马建筑文化，又成为崇奉的对象。

伯鲁乃列斯基通过对罗马废墟的研究，了解古罗马建筑的做法以后，顺利地解决了佛罗伦萨大教堂大穹顶的建造问题。这座大穹顶于 1434 年建成，标志着文艺复兴建筑的开端。在此以后，很多艺术家如达·芬奇、米开朗琪罗等都纷纷涉足建筑领域。罗马圣彼得大教堂集当时艺术和技术之大成，穹顶便是米开朗琪罗等人设计的。此时期建造的大量贵族府邸，也反映文艺复兴建筑技艺和艺术的高度水平。

文艺复兴是巨匠辈出的时代，也是建筑学飞速发展的时代。在这一时期，建筑设计从匠人手中逐渐转到专业建筑师手中。他们以丰富的知识，睿智的眼光，探索古罗马建筑的法式和规律，总结当时的实践经验，创造出一代新风格。

作为建筑设计的重要手段的建筑制图也逐步完善。15 世纪，佛罗伦萨画家伍才娄创制透视图，扩大了制图领域。后来法国数学家蒙日于 1799 年出版的《画法几何》一书是文艺复兴以来建筑制图方法的总结。科学的建筑制图方法问世后，建筑技术和艺术有了更加精确的表达手段，有助于建筑学的发展。

随着建筑创作繁荣，学者和艺术家参与建筑活动，各种建筑学著作纷纷问世。其中阿尔伯蒂的《论建筑》是意大利文艺复兴时期最重要的建筑学理论著作，书中第一次将建筑的艺术和技术作为两个相关的门类加以论述，为建筑学确立了完整的概念，是建筑学在认识上的一次飞跃。

文艺复兴时期的建筑教育以“艺术私塾”为主，1562 年意大利艺术家和作家瓦萨利创办设计学院；1563 年佛罗伦萨城巨富美第奇创办艺术设计学院以代替“艺术私塾”；1655 年创立于巴黎的皇家绘画与雕刻学院，1793 年更名为国立高等艺术学院。它是世界上第一所有完善的建筑系科的学院，对后来世界各国的建筑教育有广泛的影响。学院总结并传播了文艺复兴以来建筑艺术的成就，对建筑学的发展作出贡献。

文艺复兴晚期，由于企图突破已有的建筑程式，追求奇特奔放的效果，崇尚豪华富丽的装饰，而出现了巴洛克建筑和洛可可风格。

18 世纪下半叶，产业革命开始以后，机器大工业生产加速了资本主义发展的进程。建筑物日益商品化，城市迅猛发展，建筑类型大量增加，对建筑的功能要求也日趋复杂，形式和内容之间不相适应的状况十分严重，因而在 200 年间，建筑师不断地进行建筑形式的探求。

一种倾向是将建筑的新内容不同程度地屈从于旧的艺术形式，于是产生了古典复兴建筑、浪漫主义建筑和折中主义建筑这些流派；另一种倾向是充分利用先进的生产力、先进的科学技术，探求新的建筑形式。后一种倾向顺应了社会生产发展的要求，成为近代建筑发展的主流。19 世纪下半叶钢铁和水泥的应用，为建筑革命准备了条件。

4. 新古典主义建筑

18 世纪 60 年代到 19 世纪，欧美一些国家流行一种古典复兴建筑风格。当时，人们受启蒙运动的思想影响，考古又使古希腊、罗马建筑艺术珍品大量出土，为这种思想创造了借鉴的条件。采用这种建筑风格的主要是法院、银行、交易所，广场、博物馆、剧院等公共建筑和一些纪念性建筑，例如西班牙广场。法国在 18 世纪末、19 世纪初是欧洲新古典建筑活动的中心。法国大革命时在巴黎兴建的万神庙是典型的新古典主义建筑。拿破仑时代在巴黎兴建了许多纪念性建筑，其中雄师凯旋门、马德里教堂等都是古罗马建筑式样的翻板。

5. 新艺术派建筑

18 世纪末到 19 世纪初的 20 年里，欧洲大陆出现了名为“新艺术派”的实用美术方面的潮流，这种艺术最初的中心在布鲁塞尔，然后向法国、德国、西班牙、意大利等欧洲各国扩展，新艺术派的思想主要表现在用新的装饰纹样取代旧的程式化的图案，主要从植物形象中提取造型素材，在建筑和室内装饰中大量采用自由连接和蔓绕的曲线和曲面，形成一种特有的富有动感的艺术形式和造型风格。“新艺术派”在建筑上的表现，就是在朴素运用新材料新结构的同时，处处渗透着艺术的感觉，建筑物内外装饰的金属材料有了自然的曲线，或繁或简，冷硬的金属盒石头好像被软化了，结构凸显出韵律感。同古典主义建筑形成截然不同的艺术效果。主要代表就是西班牙建筑大师高迪的圣家族教堂和米拉之家。

致谢
Acknowledgements

感谢刘凡挚友一路以来的支持和热心帮助，感谢中国建筑工业出版社王雁宾老师、张振光老师、费海玲老师对本书的智慧指导。感谢肖晋兴先生的通力协作和全情投入。感谢清华大学艺术家袁运甫导师、张錩导师、赵萌教授，建筑导师、学者陶宗震先生的真诚教诲，南京艺术鉴赏家沈立新先生的关怀和帮助。感谢美国纽约《世界日报》陆音女士的支持与帮助，感谢清华大学雕塑家魏二强教授，感谢中国美术杂志社陆军博士，中国海洋局高级工程师李焰先生，北京服装学院刘玉庭教授，鞍山大学沈涛教授，燕山大学艺术学院孙冀东教授，厦门大学动漫学院李一欣先生，湖北美院郑革委教授，成都艺术家王学成先生、赵旭先生，鲁迅美术学院易新女士，远洋装饰总裁叶东鲁先生、副总陈凯光先生，广田装饰董事长叶远西先生，神州长城董事长陈略先生、总经理李尔龙先生，印象设计朱兵先生、吴玲女士，在事业上的帮助和指导。你们是我的榜样和楷模，把这份欧洲古典建筑艺术图例和你们共勉，与读者共享。一份喜悦，一份苦涩，十多年耕耘艺术的点点滴滴溢于言表，不言甚似多言，心有灵犀在嫣然一瞬间你我能了然心语。